見えない羽根を休ませて

〜ララとノエルのおあずかり日記〜

有馬 留果
絵木 真理子

文芸社

見えない羽根を休ませて

～ララとノエルのおあずかり日記～

道路からマンションのエントランスまでの長いアプローチの両側は、田んぼである。六月の田植えが終わってからは、日々稲の成長を目にしながら、私は毎日愛犬を連れて散歩に行く。

田んぼの横の畦道を通ると、小さな雨ガエルが一斉に田んぼにダイブする。道の真ん中まで出ていた雨ガエルは逃げ遅れて、ララとノエルに鼻先でつつかれている。

「あと一ヵ月もしたら、お米できるね」

私はふたりに話しかける。けれど、ララもノエルも匂いを嗅ぐのに大忙しだ。

物心ついた頃からずっと大阪市内で暮らしてきた私が、季節の移ろいがよくわかるこの土地に移り住んで一年が過ぎた。『もう一年、早かったなぁ……』と、『ようやく一年、なんとか無事に過ごせたね』この二つの思いが交互にやってくる。

私、ララ、ノエル。一人と二匹。悲壮感は全然なかったけど、祈るような思いで毎日を過ごしてきたことは確かだ。

「ララとノエルが、病気やケガをしませんように」そして、「私の病気が、どうかこれ以上進行しませんように」。

天真爛漫。愛し、許すことしか知らないこの四本足の天使達に、私は支えられ、今日までやってこれた。

二〇〇一年の初秋、かねてから体調が悪かった私に、大学病院での確定診断が下った。病名は、「進行性全身性硬化症」別名「強皮症」とも言う。膠原病の一種である。原因もわからず、治療法も確立されていないので、特定医療疾患（いわゆる難病）に指定されている。

医師から病名を告げられたあと、今後の体の変化を聞かされた私は、なんとも言えない沈んだ、暗い気持ちになった。

皮膚が、だんだん硬くなる。それに加え、私の場合は内臓まで硬化してゆく危険性があると言う。そういえば、大学病院を受診する数ヵ月前から、やたらと食物が飲み込みにくくなっていた。ヨーグルトなどの本当に軟らかいもの以外は、何を食べても食道のあたりでつかえるのだ。よく噛んで飲み込んでも、慌てて胸を拳でトントンたたくか、飲み物で流し込むしかない。その時点ですでに、食道の動きがだいぶ弱っていたのだ。指もムクんでいた。以前ならすんなり入った指輪が入らない。両腕と背中の肩のあたり、ところどころに白い点状の色素脱失が見られた。寒い冬の時期、指先があっと言う間に真っ白になって、全く感覚がなくなった。しかもなかなか元に戻らない……。このまま進行すると、肺も硬化する。肺の働きが弱まると心臓も悪くなる。そして腎臓も……。

医師は私に入院を勧めた。「入院」と聞いても、まだ私はそれほど大層に考えていなかった。せいぜい一週間くらいかなと思っていたのだ。しかし甘かった。「三、四ヵ月かな」と医師は言った。……少しの沈黙。入院しなければいけないことは理解していた。その必要があるからこそ、医師は勧めるのだ。けれど、次に私は言った。「少し考えさせて下さい……。夫に相談してみます」。二週間後に予約を入れて診察室を出た。

夫になんて言おう。夫の母に、私の両親に、なんて言おう。それから、ララとノエルのこと、どうしよう……。病院を出て家に帰る途中、そのことばかりが頭の中をグルグル回っていた。

家に帰った私は、まず実家に電話した。母が泣くのはわかっていた。いつも娘のことを心配し、些細なことでも大層に受け止めて、悪い方へ悪い方へと想像をふくらませることが多い母だったから。だから私はわざと明るく報告をした。

「あ、母さん、元気？　私。ちょっと報告があるねんけど。びっくりせんといてほしいねんけど、私病気になってしもたワ。エーッとね、強皮症っていって膠原病の一種類やて。あ、でも心配せんといて。別に今すぐどうこうなるわけでもないし、ちょっと入院したらよくなるから」

予想通り、電話の向こうで当惑し混乱する母を私はなだめ、励まし、受話器を置いた。

夜、父から電話があった。

「あ、お父さん、病気のこと、お母さんから聞いてくれた？　お母さん泣いてたんちゃう？　ごめんね、心配かけて」と言うと、父は、「まぁ、母さんはワシがなぐさめとくよ。留果、お前、しっかりせェよ、気ィ落とすなよ」と言った。

父の言葉にふいをつかれ、思いがけず涙がこみあげる。鼻の奥が痛い。大きく息を吸い、天井を見上げ、涙がこぼれる直前に「うん、大丈夫」と言った。「じゃあね」受話器を置くともうダメだった。ソファに沈み、泣いた。

私の様子を窺っていたララとノエルがすかさず来た。ノエルは私の頬をなめ、ララはそっと寄り添ってくれた。

あぁそう、いつもそうなのだ。ララとノエルは、いつも私から目を離さない。どんな時もすぐ側にいて、見つめ、暖め、励ましてくれている。おしゃべりな瞳で、豊かな表情で。

『入院している間、ララとノエルをどうしよう……』

動物と一緒に暮らしている人には、わかっていただけると思う。金魚や小鳥のような小さな生き物にだって、食事や掃除で結構手がかかるのだ。ましてやわんこときたら、朝夕の散歩、食事、ブラッシング、トイレシートの交換……と、本当に時間と手間がかかる。散歩だって、天気のいい日ばかりじゃない。雨が降ろうが、風が吹こうが、雪が降ろうが行かなきゃいけない。けれど、そんなことの全てを補っても余りある愛情を、彼らとの生活から享受することができるのだ。

当時我が家は、夫と私、ララとノエルの二人と二匹家族であった。結婚十年目を迎えたが、人間の子供はいない。念願の一戸建を購入し、大阪市内に住んでいた。

ララとノエルの面倒は、もっぱら私が見ていた。夫は朝早く、夜も遅い典型的な会社人間で、休日は野球やツーリングなど、自分の趣味を最優先していた。休日、たまたま時間が空くと散歩につき合ってくれる程度である。

夫に彼らの面倒を頼むのは、物理的に無理な気がした。……というより、時間に追われイライラする夫と、満足に散歩させてもらえず欲求不満に陥ってるララとノエルが想像できた。実際私が夫に、

「入院中、ララとノエルのことどうしよう。朝夕の散歩、行けそう？」

と言うと彼は、

「無理と思うよ。真理ちゃんに頼めば？」

と即答したのだ。

今にして思えば、夫の気持ちはこの頃から少しずつ、私、ララ、ノエルから離れていっていたのだろう。そしてそれは、二ヵ月の入院期間を経たあとに証明されることになるのだが、その時の私は、ララとノエルのことで頭が一杯だったのだ。

夫の答えの中にあった「真理ちゃん」とは私の姉である。我が家から自転車で数分のところに姉一家は住んでいる。入院の話が持ち上がった時、内心私は、ララ、ノエルの面倒は姉に頼むしかないと思っていた。しかし、いくら身内とはいえ、気が引ける。私より三歳上の姉は一家の主婦で、高校、中学に通う二人の息子の母でもある。そして、美しい深窓の令嬢、スコティッシュ・フォールドという種類の猫、パールちゃんのお母さんでもある。

あぁ、しかし、言いかねて悩んでいる私に姉はいとも簡単に言った。

「ララとノエルの面倒、私が見たるで」

そんなにたやすく請け負っていいのかなぁと思いつつ、私は心の中で姉に手を合わせていた。『ありがと、姉ちゃん』。

姉の家には、ララとノエルも何度か遊びに行ったことがあるし、ふたりとも姉のことは大好きである。

彼女は八月生まれの人らしく、向日葵《ひまわり》のように明るい、大らかな性格の女である。その反面感受性が強く傷つきやすいのだが、何かつらいことがあっても笑いに変えて、周りを和やかなムードにする。だから姉の家にはしょっちゅう人が集まって賑やかだ。そういうところでララとノエルは、これからの数ヵ月間お世話になるのだ。

心配は、そう、猫のパールちゃんだった。「深窓の令嬢」と書いたが、実際彼女はたまに動物病院に行く以外、一度も家から出たことがない。赤ちゃんの時、手の平に乗るほど小さく、真珠のように真っ白だったので、この名がついた。本当にエレガントで美しい猫ちゃんなのだ。

犬も猫も、赤ちゃんの時から一緒だと仲良くなれるらしいが、彼らの場合、全員が一歳を過ぎた成犬、成猫である。テリトリーの奪い合いで、流血の大惨事になるのではないかと、姉も私も心配した。うちの奴らがパールのネコパンチをくらうぐらいどうってことないが、パールに歯を立てるようなことにでもなったら、どうしよう。取り返しがつかない。

すると姉が、パールのかかりつけの獣医さんに聞いてくれた。

「今度、妹の犬二匹を預かるんですけど、どういうところに気を付けたらいいでしょうか？」

答えはこうだった。

「大丈夫ですよ。犬も猫も、動物的カンで相手との距離を測りますから。飼主さんがあまり神経質にならないことですね。〝仲良く〟まではいかなくても、距離を保ちながらうまく共生できると思います」

それを聞いて、ちょっと安心した。彼らの動物的カンを信じよう。そして、神経質でない大らかな性格の姉を持ったことを、私は神に感謝した。

しかし、私の心配はそれだけではなかった。その大らかな性格の姉は、私、ララ、ノエルが毎日繰り広げる、すさまじい散歩の実態をまだ知らなかった……。

私が一目ボレしたララ。意志の強そうな目。

ララ（女の子）とノエル（男の子）は、ウェルシュ・コーギー・ペンブロークという犬種である。

一九九八年の暮れも追し迫ったある日、夫と一緒に行ったペットショップで、私はララに出逢った。そして一目で彼女に恋をした。

まだ生後二ヵ月にも満たない彼女の耳は、頼りなげに折れたままだった。その軽さ、暖かさ、やわらかさ……。私はこの小さなわんこに完全にやられたのだった。『もう、連れて帰るしかない!!』……。

けれど、すぐに私は、いかに犬について、とりわけコーギーというこの犬種について勉強不足だったかを思い知る。

元来コーギーは、イギリスの牧場で牛の踵《かかと》に軽く咬みつき誘導するワーキング・ドッグなのだ。足は短いくせに走るのはやたらと速く、そのエネルギーたるや、こちらの想像をはるかに超えている。常に、「ネェネェ、あっそぼー！」モード全開なのだ。

実際ララは、散歩に行くと必ずコング（うんち型をしたゴムのオモチャ。変型なので、投げるとどこに飛ぶか予測がつかず、犬の狩猟本能をかりたてるらしい）をするのだが、往復五〇本でもへッチャラだ。イヤ、実際は途中で疲れているはずなのだが、疲れていることにさえ気付かないほど、夢中になって走っているのだ。その証拠に、帰り道、彼女は必ず自転車の後ろカゴに乗せてとせがみ、乗るやいなや「もうどうにでもして」という体になり、ふと見ると居眠ったりしている……。

幼かった頃のララは、いたずら（本人はいたずらとは思っていない）の限りを尽くした。当時、スリッパは一週間に一度は買い替えたし、壁紙を破って、その下の壁そのものを掘っていた。留守の間に、進入禁止にしていた和室の襖を鼻先で開け、畳を掘り、仏壇に置いていた線香をバラバラに踏みつけ、線香立ての灰までぶちまけていた。そしてララ白身、線香の香りをふりまきながらニッコリ笑い、仕事から戻った私を出迎えてくれたのだ。

和室の惨状を目にして腰を抜かしそうになっている私の横で、ララは「だって、タイクツだったんだもん」と言っているようだった。

しかし時は過ぎ、ララも少しはレディになった。以前ほどいたずらもしなくなった。そうして彼女が二歳になる少し前に、お婿さんとしてやってきたのがノエルなのだ。その時彼は生後二ヵ月だった（姉さん女房なのである）。何もわからずただはしゃぎまくり、ララにじゃれついては怒られていた。ララにしたら、いい迷惑だったろう。今まで自分は一人っ子で、お姫様のようにかわいがってもらっていたのに、突然やってきたおチビに、平和な生活をかき乱されたのだ。

赤ちゃんノエル。かわいい顔して、やってることはハチャメチャだった。

相当なストレスが彼女を襲った。ノエルが来た次の日から丸三日間、彼女は食べた物を全部吐き、下痢をした。そんなふうにならないように、夫も私もララを気遣い、常に彼女の名を呼び、何をするにも彼女を優先していたのに。

ララが苦しむ様子を見て、私は後悔の念に襲われた。

『ララをこんなに苦しめて

初めて同じソファで眠る。どんなにホッとしたことか。

……。ノエルを飼ったのは失敗だったのか……』

けれど、今さらノエルを返しに行くわけにはいかなかった。彼はウチの子になったのだ。

救われたのは、ノエルの天真爛漫な様子だった。仔犬独特の無邪気さで、ララにちょっかいを出しに行く。ララに、「まったく、うるさいガキね！」と邪険にされようとやめない。夫も私も、常にララを優先しつつ、ふたりを見守ることにした。

そうこうするうちに、ララの気持ちもようやく安定し、「仕方がないから一緒に住んであげるけど、私の牛のヒヅメ（わんこのおやつ。牛のヒヅメを乾燥させたもの。噛ませていると、歯石予防にもなるシロモノ）を取ったら承知しないからねっ！」というところまできた。ようやく一安心である。

初めて彼らが同じソファの上で眠るのを見た時、私の胸はじんわりと温かいもので満たされていった。どんなにホッとしたことか。

しかし、ホッとできるのは、家の中だけだったのだ。お散歩デビュー前の最後のワクチンが済んでいないノエルを家に置いて、ララだけ散歩に連れ出そうとすると、彼はなき喚いた。ララが仔犬の時したように、家の中が壊滅状態になるのを恐れた私は、仕方なくノエルも連れて行くことにした。

行き帰りは自転車の前カゴに乗せ、ララがコングをしている間は、ずっと抱っこしていた（両手が使えないので、コングは足で蹴っていた！）。ワクチンが済むまで、毎日その繰り返しだったが、ついにノエルを地面に下ろし、本格的なお散歩をする時が来た。

もう信じられないくらい、はしゃぎまくりである。私とララは当然、彼に振り回されることになる。家の中では私の呼ぶ声に

お散歩デビュー前のノエル。ララがお散歩の時、いつも自転車のカゴに乗せていた。

反応するノエルも、一歩外へ出た瞬間にハイテンションになり、ボルテージは上がりっぱなしで、私の声など全く耳に入らなくなるのだ。

右手で自転車を押している私のことなど全くお構いなしで、前後左右、自分の行きたいところへ行こうとするから、ララのリードにもからまって、もうメチャクチャである。

最初の頃の散歩では、足を上げてオシッコをすることができなかったノエルも、他の男の子がするのを見ているうちにできるようになった。飼犬はララが初めてだった私にとって、男の子がこんなにしょっちゅうマーキングするのは驚きだった。ノエルは実に熱心に匂いを嗅ぎ、真剣に何かを考え、オシッコをかける。しばらく観察し、私にも合点がいった。マーキングは、彼らのメール交換なのだ。

「くんくん……あ、これは○○君の匂い。今日も元気そうだネ。僕も今来たよ。ピッ（オシッコをかける音）」という感じである。【注】

毎日のお散歩コースで会うのは、ララの幼なじみばかり。その中にノエルも加わった。ララはどちらかというとシャイで、男の子はちょっぴり苦手。しかしノエルは、全く物怖じしない。男の子にも女の子にも「やぁやぁ」という感じで挨拶する。もちろん人にも愛想がいい。

同じ犬種でも性格はまちまちで、それも私には楽しい、新鮮な驚きだった。

『早いうちからノエルのしつけをしなくては……』そう焦る私をよそに、彼はバンバンでかくなっていった。

ララを木に繋ぎ待たせておいて、ノエルを私に集中させて訓練しようと試みた。しかし
ララが、

「なんで私をこんなところに繋ぐのよ。お母さん、ズルイッ！　早くコングしてっ!!」

と、大騒ぎするのだ。私はその声を無視できても、ノエルは無視できない。ララの声が気になって、訓練どころではないのだ。

それならと、最初にララをコングで散々走らせて、疲れた頃を見計らって訓練しようとした。しかし肝心のノエルは周りの匂いも側を通る犬も気になって仕方がないらしく、私の大きな

「お母さん、コング投げて～」by ララ

号令にも上の空なのだ。特に、ララに他の男の子が近づこうものなら、すかさず間に割って入り、「君だれ!? この子僕のフィアンセなんだけど」って感じである(ララはハァ?って感じだけど)。

だいたいララも、さんざん走って相当疲れているはずなのに、私がノエルを構いだすと、水を飲むのも途中でやめ、

「お母さん、ノエルと遊んでるの? ララにもコング投げてー」

と、コングをくわえ、笑いながら寄ってくるのである。一瞬で彼女は復活するのだ。恐るべし、ララのスタミナ。

いろいろな手段を試みて、ノエルをしつけようとしたが無駄であった。ノエルは一歩外へ出ると、自分がララを守らなくては、との使命感に燃え、常にララの行動に目を光らせ(私はノエルの行動に目を光らせている)、その間にメール交換(マーキング)もし、仲間に挨拶もし……と、やたら忙しいのである。

普通に、「ノエル」と呼んだくらいでは振り向いてくれない。常にハイテンションだから、振り向かそうとすると、自然にこちらの声もデカくなる。

幼なじみのハヤテ君やバロン君とは、会えばアヤシイくらいにじゃれ合うのだが、たまにしか会わない男の子には、ケンカを売ることもある。たとえそれが、自分よりはるかにデカい相手でも。一度など、体重八〇キロはあろうかと思うグレート・デーンにケンカを

売っていた。ノエルは、その子の膝から下くらいの大きさしかないのに……。これには私の方が引いた（ララはビビッて、私の後ろに隠れていた）。

「……ノエル、あんたって子は……」

犬を飼ったら、自分はおしゃれして、犬にもかわいいリードを付けて、優雅に歩こう……そんなふうに思っていた私は、本当におバカだった。

今や私は、毎朝、毎夕ジャージ姿で、髪をひっつめ、すべり止めのブツブツが付いた軍手をし、右手で自転車を押し、左手にララのリード、ウエストポーチにノエルのリードを付けてヨタヨタ歩いているのだ。憧れのエレガンスマダムなどとはほど遠い、かけ離れたところに行ってしまったのである。

コングをさせれば、ほとんど職人気質《かたぎ》の弾丸ライナー、ララと、天使のような顔をして、やってることはほとんどお笑い系の小悪魔のようなノエル。

このはちゃめちゃなふたりに私は、楽しくも、振り回されっぱなしの日々なのだ。

深窓の令嬢パールさまと、それこそ優雅な日々を送っている姉に、今さらジャージをはけと誰が言えよう。

しかし、預かってもらうと決めた以上、この散歩の現状を姉にも知っておいてもらわなければならない。

そこで、姉同伴の散歩特訓が始まった。

姉が来てくれると、ララとノエルは嬉しさのあまり、大興奮である。ワンワンギャーギャーと姉にまとわりつき、うれションしそうな勢いである。そんなふたりのリードを、いきなり姉がひとりで引くのは、あまりにも危険である。

そこで、姉にはまず、ノエルを引いてもらうことにした。私はララ担当。

我が家は国道沿い、しかも大きな交差点の際《きわ》にある。それほど広くもない歩道を挟んで、家の前を車がバンバン走っている。目指す公園は、家から歩いて十五分くらいのところにある緑地公園である。広大なスケールで、大芝生広場あり、大池あり、「世界の森」（世界各国のガーデンを模したスペース）あり、乗馬園ありと、まぁ、お散歩コースには事欠かないのである。

いよいよ出発。姉はノエルのリードを左手に持ち、自転車に乗り走り出した。私とララペアも続く。まずは快調な滑り出し。後ろから見守っていると、ノエルも姉のスピードに合わせ、機嫌よく走っている。

無事に交差点を渡り終えた。しかし、ホッとしたのもつかの間、姉とノエルは歩道の真ん中にあるポールの右と左に分かれてしまった。リードがポールに引っかかり、ノエルの首が締まる。驚いた姉は、反射的にリードを離し、自転車を飛び降りた。すぐ横の国道では、車が猛スピードで走っている。

「ノエル!!」姉と私は同時に叫んでいた。首が締まって驚いたノエルが、車道に飛び出すのを恐れたためだ。

しかし当のノエルは、一瞬の出来事にボーゼンとし、耳を後ろに寝かせて困惑の表情でつっ立っている。

ふいに先に進めなくなった驚きと、大声で呼ばれたことで、何か自分が悪いことをして怒られたのかという思いで、途方にくれ、オドオドしていた。

姉は慌ててリードを拾い、涙を流さんばかりに、

「あぁ、ヨカッタ〜！　ノエル〜!!」と言った。

ノエルはそれを聞いて、自分が怒られたんじゃないことがわかって、すぐに元のノエルに戻った。姉も、「じゃ、行こうか」と、自転車をこぎだす。

なんとも立ち直りの早いふたりである。私の方がまだドキドキしていた。しかし考えてみると、姉はふたりのヤンチャな男の子の母親なのだ。息子達が小さかった頃は、これくらいのドキドキハラハラは、それこそ日常茶飯事であったろう。

わずか数秒で立ち直った姉とノエルの後ろ姿を見つつ、ララと私は微笑み合った。

私の入院までの数日、このお散歩特訓は続いた。いつも会う飼主さんやワンちゃん達とも姉は親しくなっていった。近々入院するということを、私はお散歩仲間の誰にも言ってなかったから、よく、

深窓の令嬢、パールさま。

「今日はお姉さんも一緒!?　ラクできていいネェー」

と声をかけられた。

入院する一週間前には、姉の家に一泊二日のお泊まり保育もした。私と離れて一晩を過ごすのは、もちろんその時が初めてだった。パールにも少しは慣れておいてもらわないといけない。

彼らを預けて、そっと姉の家を辞した私だったが、もう気になって気になって、帰るなり電話に飛びついた。

「どうしてる?」と私。

「いやぁ、もう、ムチャクチャよぉ。楽しくやってるよー」と姉。

受話器の向こうで、ノエルのワン！　という声が聞こえる。彼の二メートルほど先には、パールが尻尾をふくらませて、フーフーシャ

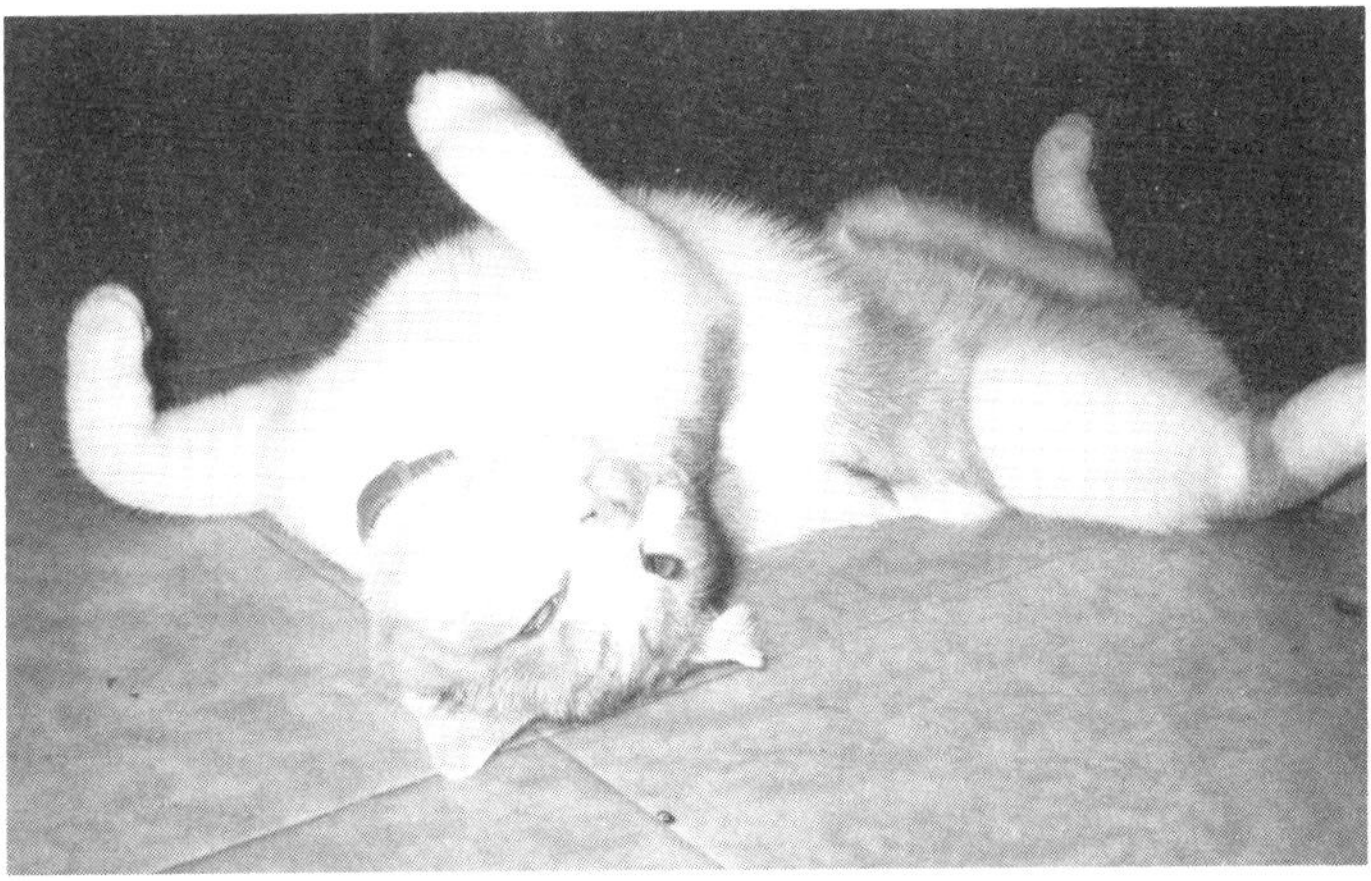
安心しきって、お腹を上にして眠るパール。

ーシャー言ってるのだろう……。

ララとノエルの出現によって、パールの新しい一面も見ることができた。今まで人間だけにしか会ったことがなく、身の危険など感じたことすらない彼女。安心しきって、お腹を上にしてネンネしてたのに、その平穏な生活の中に突如として、今まで見たことのない四本足生物、ララとノエルが登場したのだ。

姉と私は、パールが優雅な深窓の令嬢からイリオモテヤマネコふうに変身するのを見た……。全身の毛を逆立て、尻尾を四倍くらいにふくらませ、背中を曲げて威嚇《いかく》のポーズ。まったく、どこからそんな声が出るのかと思うような、フーフーシャーシャー。

グレート・デーンに立ち向かっていったノエルも、パールのフーフーシャーシャーには完全にビビッて、吠えながら後ずさりしていた。

そう、動物病院の先生が言ってたことは、正しかったのだ。〝仲良く〟まではいかなくても動物的勘で、相手との距離を測る……。まさに今、それが実証されたのを私達は見た。姉の家は、「プチ野生の王国」になっていた。


そして、とうとうその日が来てしまった。平成十三年十一月八日、ララ三歳の誕生日に私は入院した。

朝はいつも通りのお散歩。公園にふたりを連れて行き、思う存分走らせた。そして、自宅には帰らず姉の家へ。

姉は待っていて、笑顔で出迎えてくれた。ふたりの足を洗って家の中へ。少しだけ姉と話をして、ララとノエルには何も言わずさりげなく部屋を出た。

ふたりに別れの言葉を言うと、特に敏感なララは察知してパニックになるかもしれない。何より私が、自分の言葉とふたりの表情に堪《た》えられる自信がなかった。張りつめていたものが涙に変わりそうで怖かった。

外まで見送りに出てくれた姉に、

「ふたりのこと、よろしくお願いします。ごめんな、姉ちゃん」

と言うと、姉はいつも通り笑って、

「まかせといて」

と言ってくれた。けれど次の瞬間、涙目になって、

「頑張るんやで、留果ちゃん。病気になんか負けたらあかんよ」

と言ってくれた。

喉《のど》の奥がきゅっとしまる。声が震える一歩手前で、私は自転車のハンドルを握りしめた。

「うん、大丈夫。じゃあ、行ってくるね」

そう言って姉に背を向けた。

家に向かって自転車を走らせながら、私は歯をくいしばる。

『姉ちゃん、ごめんな。ララ、ノエル、頑張れ。お母さんも頑張る』


家に帰って入院の用意が詰まった小型のスーツケースを持つ。夫は仕事。ひとりで大学病院まで歩いて行く。

病院に着いてしばらくすると母が来てくれた。看護師さんに案内され、五階の入院病棟へ。治療の関係上、できるだけ日光が当たらないように、六人部屋の一番入口に近いところが私のベッドに当てられていた。

スーツケースを置き、同部屋の他の五人の患者さんに挨拶をする。

様々な人、そしてその人生。これからここで同じ時を過ごす人達には、それぞれに深い

入院中、私を見守り続けたミニチュアのララとノエル。

苦悩や哀しみがあるのだろう……。
私の入院生活が始まった。

母と一緒に荷物を整理しながら、私はスーツケースの中から、以前にわざわざ作ってもらったミニチュアのララとノエルを取り出した。それをテレビの上に並べる。ふたりがこっちを見て励ましてくれているかのようだ。

母は少しだけ無口になっていた。心配しているということを口にすると、逆に私に励まされてしまいそうな、そんなたたずまいだった。

もう、ここにこうしている以上、あとは病院にお任せするしかない。それはしかし、諦めではなく、なんとかこのまま病気が進行しないように、できるだけのことをして、明日につなげていくためだ。またララとノエルを連れて一緒に走るために。

母が帰り、夕食のあと、私の担当医が初めて来てくれた。若いM医師である。M医師の指導医が、確定診断を下し入院を勧めたH教授だ。見るからに優しそうなM医師は、いろいろと私に問診し、診察をして下さった。M医師にとって、教科書では学んだものの、強皮症の患者を実際に診るのは私が初めてだったらしい。

「これからどうぞよろしくお願いします」

と挨拶し、その夜は眠りについた。とても浅い眠りに。


次の日から、様々な検査が始まった。採尿は毎日。それ以外に血液検査、心電図、心エコー、胸部レントゲン、肺活量・握力・筋力の測定、指を氷水につけて冷やし、血流の戻り具合を調べる検査、等々。これらの検査が数日おき、数週間おきに繰り返される。

治療は週三回、月・水・金。紫外線療法だ。治療開始の二時間前に紫外線吸収剤を服用する。そしてベッド周りのカーテンを引き、日光が当たらないようにする。これは、治療以外の紫外線（規定量以上の紫外線）を浴びて、皮膚ガンになったりするのを避けるためだ。

それに週一回、教授の回診。一〇名ほどのインターンを連れて各ベッドを回る。

結構することが多く、それなりに忙しい入院生活なのだ。

M医師は少なくても一日一回は顔をのぞかせて、

「具合、いかがですか？」

と、声をかけてくれる。同室のみんなに、

「優しい先生ねェ」

と、うらやましがられた。


私の入院していた病棟は、皮膚科と形成外科が一緒になっていた。患者数でいえば形成外科の患者の方が多かったと思う。しかも、なぜか小さな子供も一緒の病棟だ。

六人部屋にいた私は、二ヵ月の入院で、結局一番長い間その病室にいた。他のベッドは入れ替わり立ち替わり、人が替わっていった。

入院当初、小さな男の子と女の子が、それぞれお母さんに付き添われ入院していた。二人とも、ポットのお湯を倒して大火傷を負い、毎年ケロイドの皮膚移植手術を受けに来ているという。

私が入院した時は、二人の手術はすでに終わり、経過を診ながら退院の時を待っている状態だった。ガーゼ交換や、先生の回診の時は、こちらがハラハラするほどの大泣きで、大パニックの病室も、それ以外の時は、毎日が保育園にいるような賑やかさだ。

ワーワーキャーキャー走り回り、病室を風船が舞い、紙ヒコーキが飛び、お菓子の食べカスが落ち……。お母さん達は、他の大人の患者達に恐縮していたけれど。

紫外線吸収剤を服用した私が、日に当たらないようにベッド周りのカーテンを引き、本を読んでいると、そっと覗く二つのかわいい目。

私には子供がいないから、彼らの行動はもの珍しかったし、楽しかった。

ある日、お母さん達と話していて、胸を衝かれたことがあった。

「普段は明るく振る舞っていても、よく、自分さえ気を付けてあげていれば、子供にこんな苦しみを味わわせずに済んだのにって、自分を責めてしまう」と。

そして、女の子のお母さんはこうも言った。

「火傷を負うまでは、女の子らしく、かわいく育ってほしいと思っていたけど、今は違う。ただただ、心を強く生きてほしい。これからいろんな試練が、例えばイジメられたりとかするかもしれないから。その時に、負けない、強い人間になってほしい」と。

親にとっても、子にとっても、長い道のりの始まり。

苦悩の中にも、決して明るさを失くさないで、強く、強く……。心からそう願った。

そしてふと気付く。自分にも言い聞かせていることに。

私はこれからどうなるんだろう……。皮膚が硬くなっていって、黒ずんだり、白い斑状に脱失したり……。顔の皮膚もつっぱり、いつか笑えなくなったら。血流が悪くて、指先が壊死してきたら……。

穏やかな寝息が聞こえる静かな夜、またひどい胸焼けと闘いながら、つい考え込んでしまう。

病気の進行、私の未来、私の人生、夫の人生、父の苦悩、母の涙。

テレビの上の、ミニチュアのララとノエルが私を見つめる。

「お母さん、早く一緒にお散歩に行こうね」

……そうだね、ララ、ノエル。早く一緒にお散歩に行こうね。

唇をかみしめ、そっと涙をぬぐう。負けるもんか。泣くな。

どんなふうになっても、私が私らしくいられるように。もうダメだと思ったら、終わってしまう。

神様は、耐えられないような試練は決してお与えにならないはずだから。


入院して二、三日経った頃、姉が見舞いに来てくれた。電話ではあれこれ様子を聞いていたララ、ノエルのことも話し、仕事（姉の夫は商売をしていて、姉は朝の配達、私は事務を担当していた）の事も話し、心和む楽しい時間。

その時、姉から一冊のノートを手渡された。トトロが描かれたB5版のノート。表紙には姉の字で、「ララ・ノエルおあずかり日記」とある。

私は浮き足立った。嬉しくて声が上ずった。

「うわっ。何これ!? こんなんつけてくれてんの？ 姉ちゃん忙しいのに!?」

早速ページをめくる。そこにはララが、ノエルが、パールがいた。

イラストも交えてあって、彼らの行動が手にとるようにわかる。知らず知らず、私の頬が、口元が緩む。

嬉しいったらない。彼らの面倒を見るだけでも大変なのに、こんな日記を書いてくれてたなんて。

日記の中のララとノエルは、のびのびと、楽しく、はちゃめちゃに描かれている。私はそれを目を細め見つめる。

姉の訪れが、私の入院生活の中で最大の楽しみになったのは言うまでもない。

ララとノエルのおあずかり日記

文・絵　まり

【登場人物】

孝司……私の夫
ダーリン（毅）……姉の夫
じいちゃん、ばあちゃん……私達姉妹の両親
ユウスケ（優将《ゆうすけ》）……姉の長男
一平……姉の次男

11月8日（木）くもりのち晴れ

留果ちゃん入院の日。

ＡＭ。ララ、ノエル、意外に元気。ララは二階と三階を行ったり来たり。ノエルは階段下りのれんしゅう。一段だけ下ろしてやると、下まで行けるのにどうしても一番上からは下りられない。不思議。パールは三階の窓でかたまっている。ノエルとの差は十五センチまでＯＫになった。

昼ごはん前にピーピーかいじゅうを三十分する。ララ、ニコニコ。

しかしその間ノエルがいないと思ったら、な、な、なんと、やられてしまった!!　洗濯機が回る。ノエルも回る。スリスリゴメンナサイ

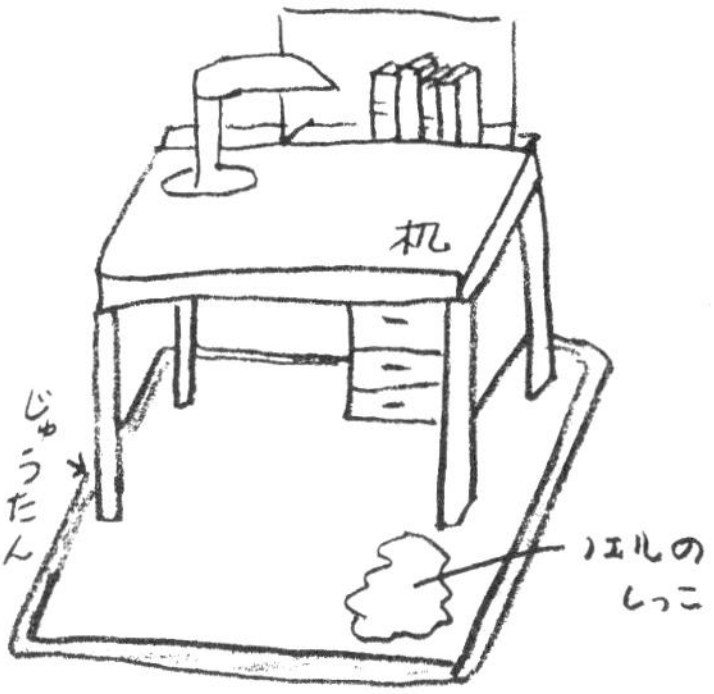
机
じゅうたん
ノエルのしっこ

モード。ララとパールはひややかモード。

昼ごはんのあと、ララ、ノエル、二階でよくねる、ねる、ねる。パールは三階の窓で、のびきってねる、ねる、ねる。すこやかな昼下がり。

三時、お母さん来る。

子供たちはおひるね中。

三時五十分、いよいよ散歩だ。おばあちゃんも一緒に来るって!! コング、お水 etc ……チャリンコ一台。おばあちゃん・ララペア。ノエルと私ペア。

うちの炊飯器がボコボコ音をたてるとララは大さわぎ。なんなのーってかんじ。ノエルのトイレを三階の事務所におきました。バッチリしっこができました。ねる時は二階に持っていってやろう。よしよし。

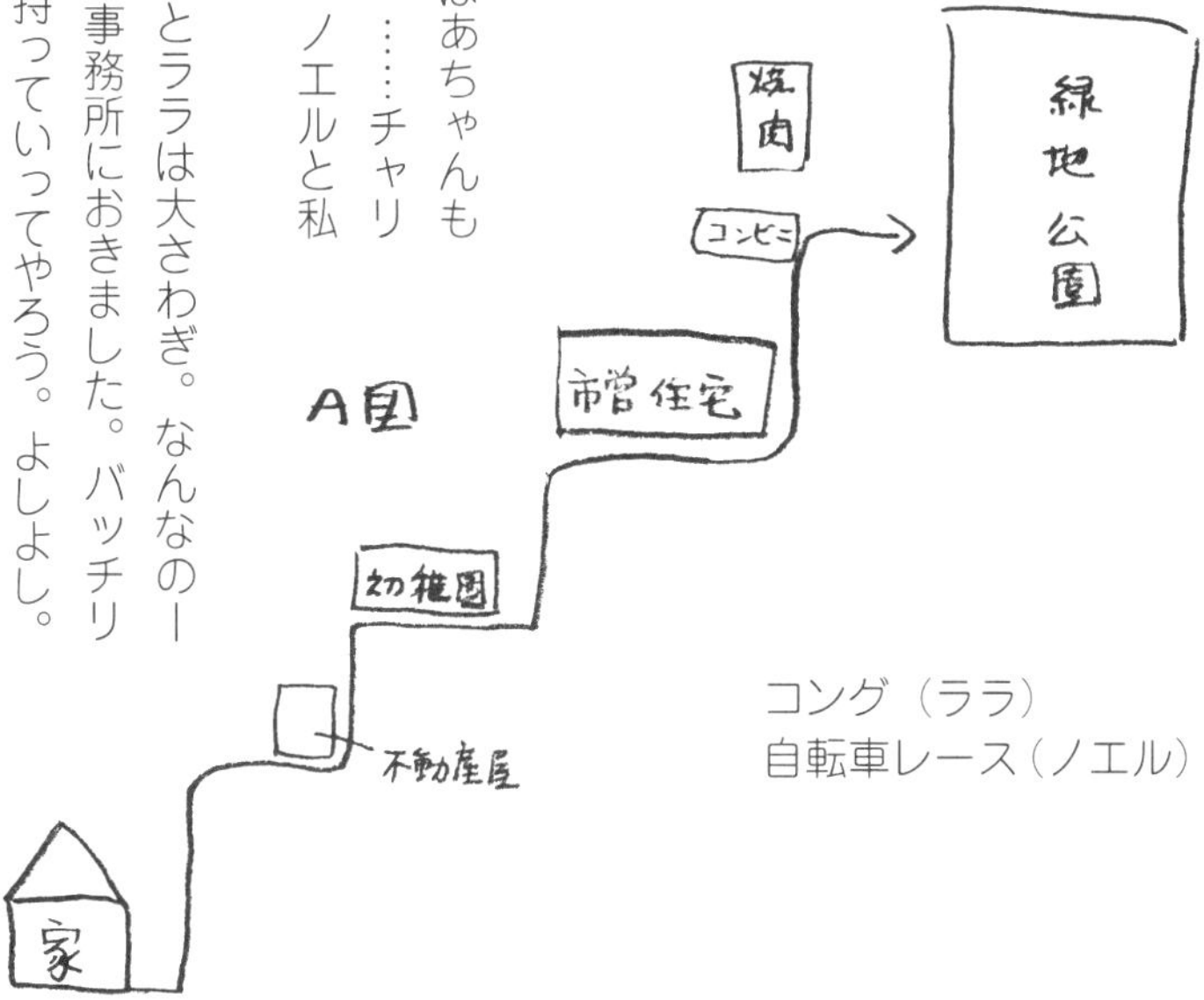
焼肉
緑地公園
コンビニ
市営住宅
A団
幼稚園
不動産屋
家

コング（ララ）
自転車レース（ノエル）

出窓
ノエル
ララ
机
この位置がけっこう
お気に入りかも。

夜ダーリンが帰ってきても、あまりなかなかった。ララが誕生日なので、リンゴを十時にあげる。そしておやすみ。

夜なきは三十分ぐらい。

11月9日（金）くもり

ノエルが部屋から出ている‼　引き戸を自分で開けたんだ。どっひゃー。部屋の中は紙くずだらけ。もしやと振り返ったら、やっぱり戸に貼ったかべ紙は無残。ノエルはウキウキ。

ノエル～、のおたけび。

byまり

第二章は、配達先の保育園から帰ると待っていた。

ララたん生日
おめでとう
ララ

るかちゃんのカーディガン
ノエルのしっこ
赤いざぶとん
イス
ノエルのウンチ

一平が、「すごいうんちやなぁ。パールの二十倍はあるで〜」と、平然と言っている。私はすでにトイレットペーパーでノエルのうんちをわしづかみしていた。

　気をとりなおして留果ちゃんのカーディガンを洗うわたし。配達先の中華料理店に行く前に、パールのごはん。

　いよいよ散歩でーす。八時五十分〜十時。アクエリアスを持っていく。

　ノエルは山もりウンチ四回。ララは家でもしてるので二回。

　帰りはグラウンドから家までノエルダッシュ。

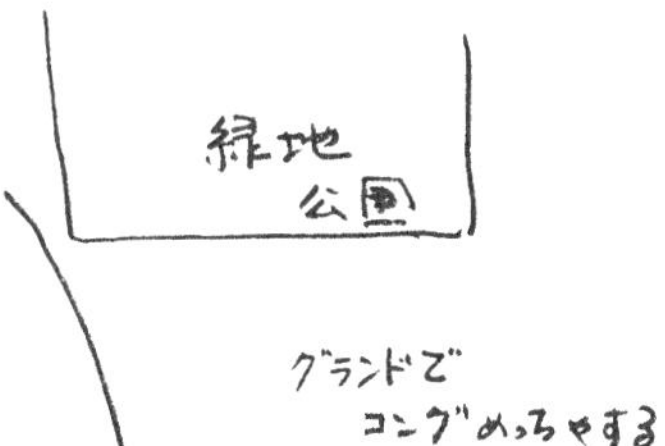
緑地公園
グランドで
コングめっちゃする

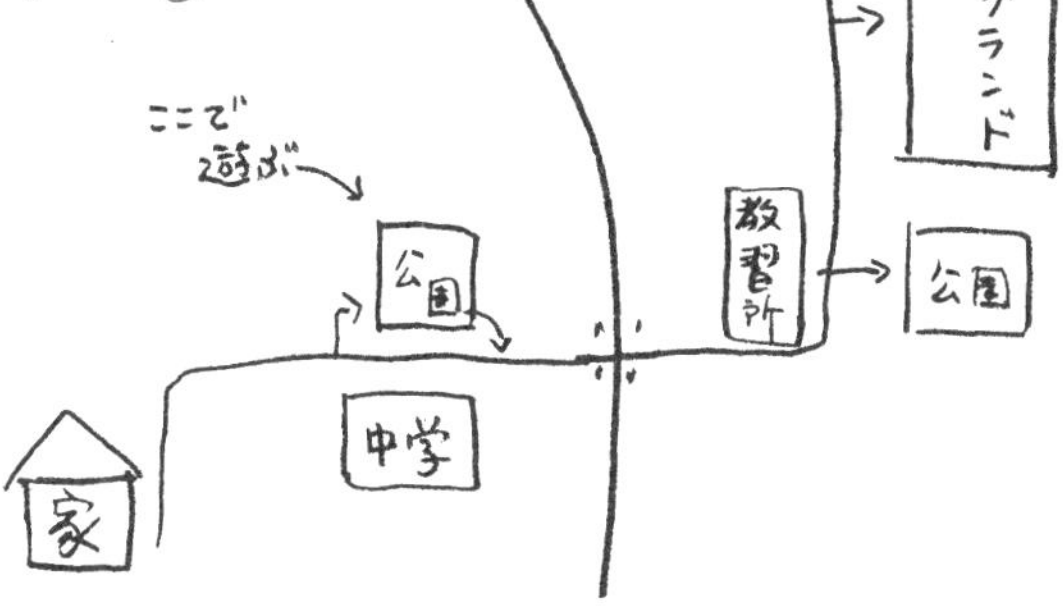
163号
グランド
ここで遊ぶ
公園
教習所
公園
中学
家

ララとノエルのおあずかり日記

ソファでねる
ノエル
骨

帰ってソファでねてます。私はパールと洗濯干し。もりだくさんの午前中じゃ。

お昼、孝司君からTELあり。玄関からララとノエルが出ないようにガードを持ってきてもらうようにたのむ。

今日のさんぽもばっちり。A図コース。広いグラウンドでワンチャンがほとんど来なくてラッキー。おばあちゃんも自転車で行って、ララをひいてくれました。ぐるぐる、いろいろ回って、みんなごきげん。ララが山もりウンチ。ふたりともゲリしてないので良かった。帰りはまっ暗でした。

夜、工事をずっと見ている。工事のおっちゃんも手をふってくれる。ウレシ。

ふたりのうしろすがたバージョンでした。

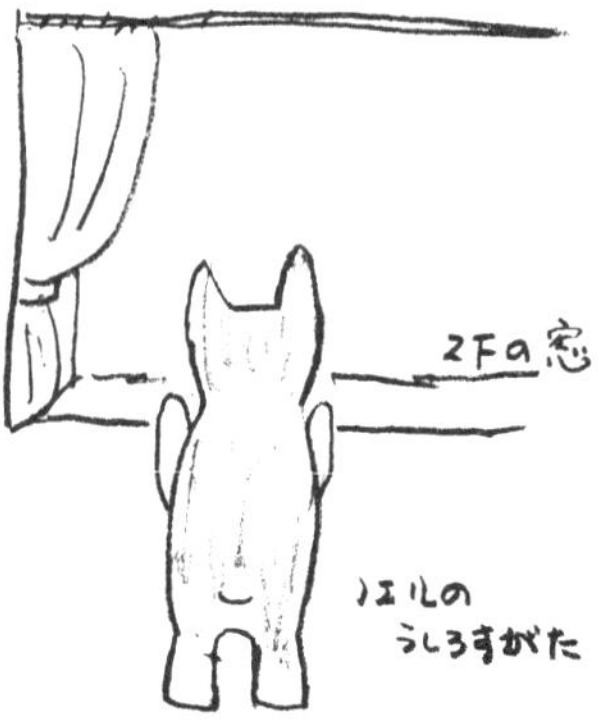
2Fの窓
ノエルの
うしろすがた

ソファにすわると
ララがひざにのってくる。
← 私のひざ

パールはお昼ねれないみたいで、四階の一平のベッドで今日は一日ねていた。

さんぽのあと、ララとノエルぐっすり。ララはいびきクークーいっている。

11月10日（土）雨のち晴れ

夕べは夜なきせず、ぐっすり。配達先の保育園に行く時は雨だったけど、さんぽの時（八時）には晴れ。朝ごはんは六時五十分に食べる。

朝おきた時……

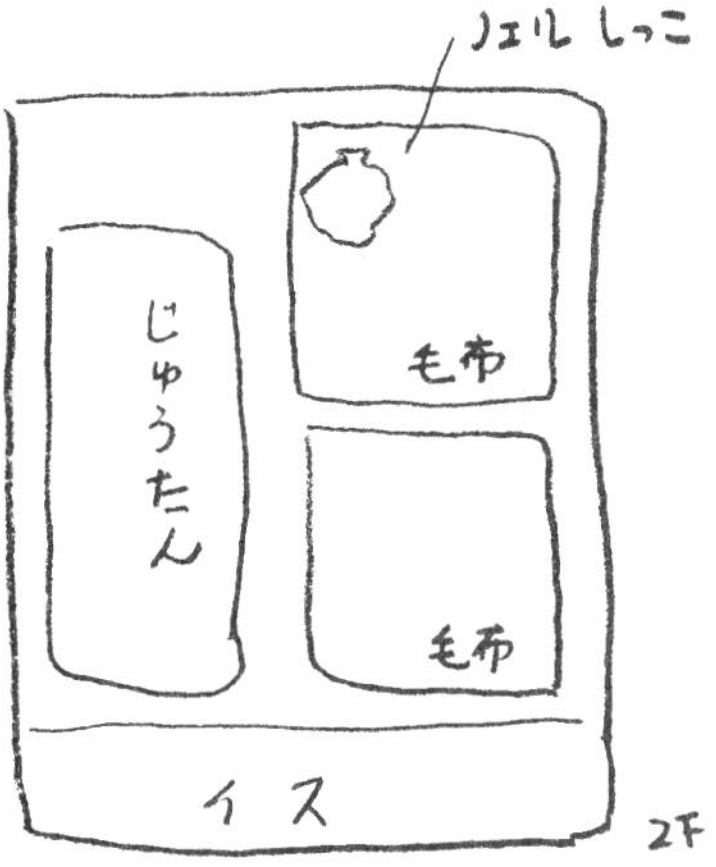
ノエルしっこ
毛布
じゅうたん
毛布
イス
2F

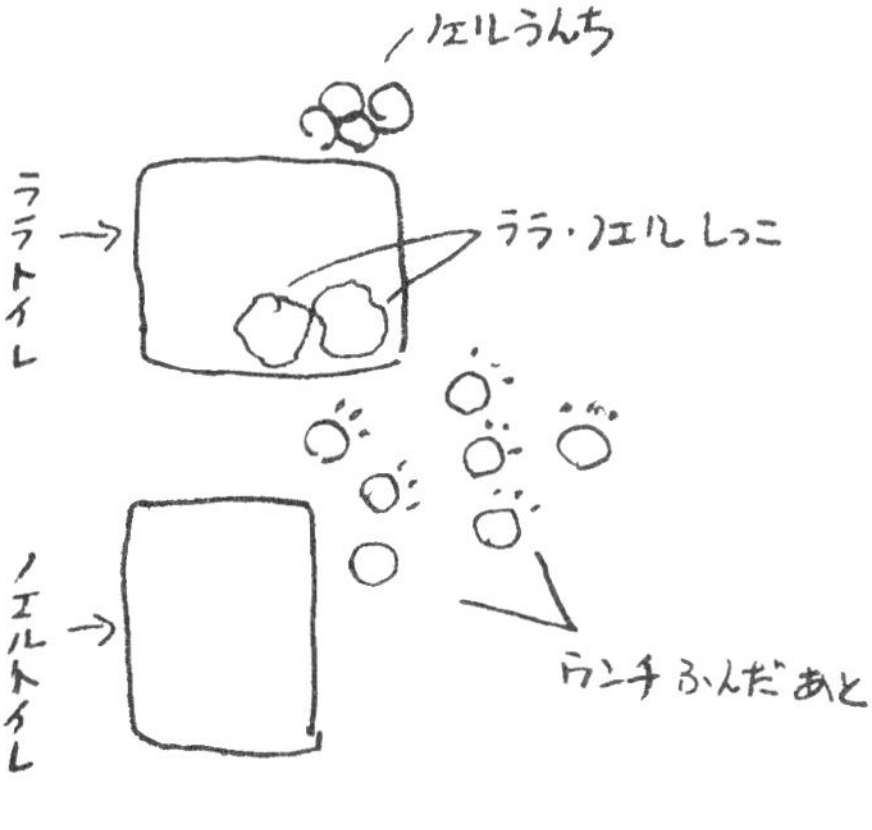
ノエルうんち
ララトイレ
ララ・ノエルしっこ
ノエルトイレ
ウンチふんだあと

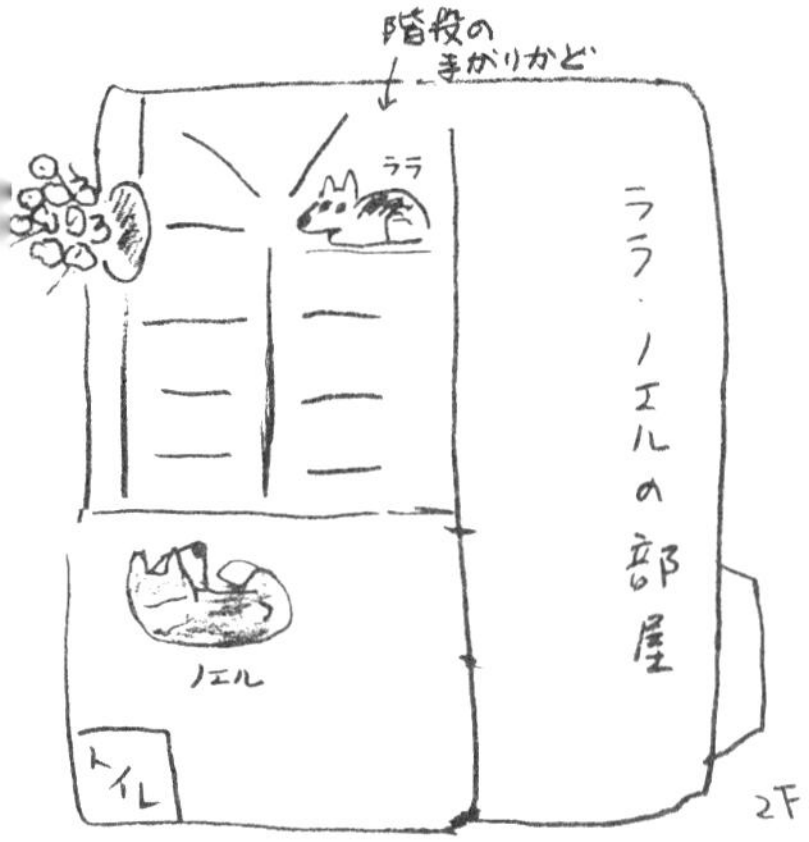
階段のまがりかど
ララ
ララ・ノエルの部屋
ノエル
トイレ
2F

ララとノエルのおあずかり日記

かみの毛 ハネハネ
はな水

朝七時に床そうじ。ユウスケと一平の小さい時以来だ。いっぺんに目がさめる。

さんぽはA図（35ページ参照）で行って、今日は公園の中をコングしたあと、めっちゃ遠くまで歩いた。途中からララを自転車にのせてノエルを走りまわらせる。

帰ってきたらふたりともさすがにつかれていた。私も鼻水をたらして走っていた。こんなボコボコでいいのか!!

↑病院から帰ると待っている位置。

おしごとと言って出かけた時も、このポジションは守られている。ノエルは下りられない。

今日もララは炊飯器に向

4F
シャ〜
フ〜
パールのぞく
ノエルほえる
ウォオオオ〜〜ン

かってほえつづける。その間ノエルとパールは……。

さんぽ。今日はいつものグラウンドに人がいっぱい。土曜日だしなぁ〜。少し歩くとあいているところがあったので、コングする。世界の森に行こうとしたら、四時三十分で閉まるって言われてしぶしぶ引き返す。途中、ばあちゃんがばてばてだったので、休憩する。その時池のほとりで、へたくそな笛（トランペットかも）の練習してて、ララとノエルは？マーク全開で首をかしげて聞いていた。聞いているのは私たち四人だけだったことは言うまでもない。パチパチ。

ララとノエルとパールとで、ブレーメンの音楽隊した方がずっと上手だと思う。

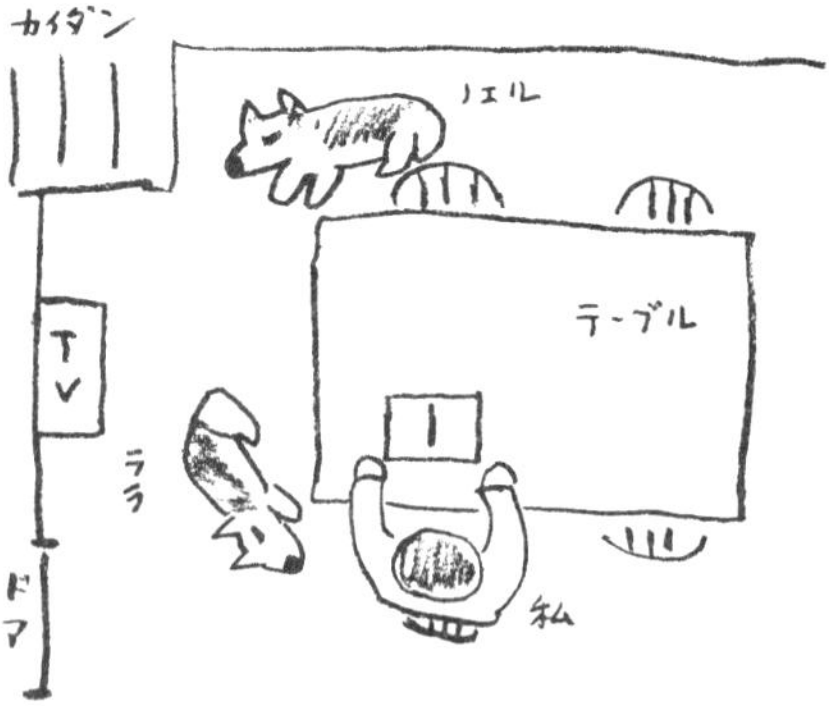
カイダン
ノエル
テーブル
TV
ララ
ドア
私

夜八時。ララとノエルはばくすい。グーグー。

私は日記を書いている。

ユウスケ、ダーリン、ばあちゃん、いろいろ電話があって、そのたび大さわぎ。

ワーイワーイ。

十時、リンゴを食べてねる。

歯みがき見たことないの？　口を開けてララとノエルはポカーンと見ていた。目もまるくなってた。

★

ノエルが、なかなか上手にトイレでウンチできない。近づいてはいるのだが。

汚して、ふんづけて、後片付けも大変で……。

でも、姉は決して彼を怒らない。

鼻歌
はみがき中
ゴシゴシ
なんなの〜?
ノエル
ララ

「ノエル、頑張れ、もう少しだ」と彼を励ます。

……ありがと、姉ちゃん。優しく見守ってくれて。

★

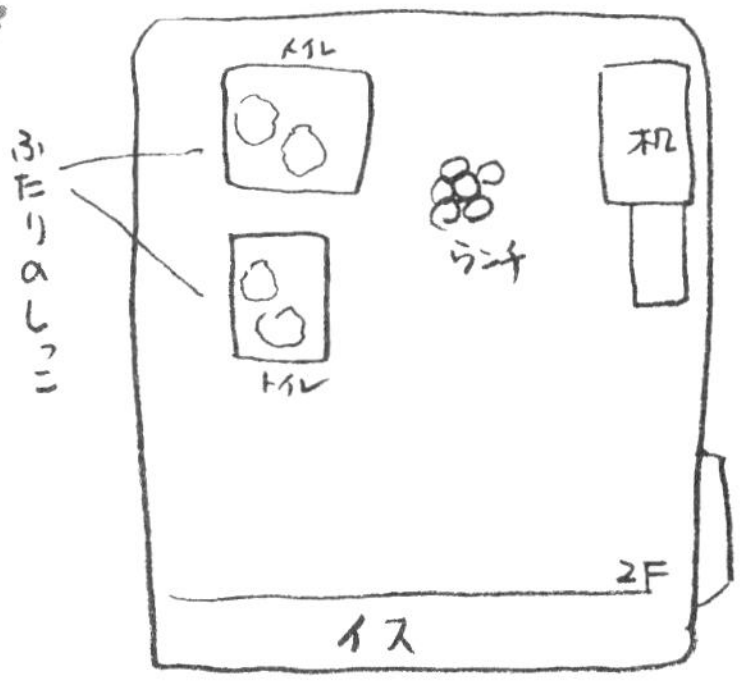

11月11日（日）晴れ

朝ごはん、六時五十分。

ノエルのウンチがトイレに近づいている。もう少しだノエル。しっこは失敗してなかった。よい子、よい子。

今日は中華料理店への配達のあとでさんぽ。留果ちゃんのところに行くぞ〜。

　さんぽはA図。今日のコングは半分にしておく。ララの体力を残して病院まで行くのだ。

一度家にもどってパールに朝ごはん。ララとノエルがさんぽ中、家の中を走っていたようだ。病院に行く前に、リンゴとカキをあげよう。

涙の対面。
また来ようね。

病院から帰って昼ごはんを食べる。さすがにつかれたのか、ふたりともねんね。次のさんぽにそなえるぞ〜。ねるのもやる気まんまん。

今日は散歩に行くとすごーい人だった。どこに行ってもコングができず、世界の森にも行ったけどだめだった。

いろんなところを歩いてるとメリーさんが来た。ノエル大よろこび。留果ちゃんのことを聞かれたので、入院したことを言うとびっくりしていた。

今日のさんぽは二時間コース。四人ともがんばった。

六時にごはん。私もごはんの用意する。

今日はダーリンが帰ってくる。

今日はノエルが一時間ほどないている。そいねしてやるとねんねするけど、淋しい全開。ララはしらん顔でねている。結局は一時ぐらいにねかしつける。みんなおやすみ。

★

姉が、ララとノエルを病院に連れて来てくれた。病院の裏口で待つ。パジャマ姿の私を見つけるやいなや、ふたりは大興奮。私に飛びついてくれる。

「お母さーん」

ふたりがあんまりワーワーギャーギャー言うもんだから、病院の人が一瞬けたたましいサイレンを鳴らした。ふたりはその瞬間黙ったけど、またすぐ「お母さーん！」。

姉とふたりを見送り、病院の中へ戻る時、受付の人に睨まれてしまった。

ほんの数分の対面。でも私の胸は一杯になる。

間違いなくふたりは、私にとってのセラピードッグなのだ。


メリーさんは、シベリアン・ハスキーの女の子。ちょっぴり太めだけど、とても気のいい子で、いつもお父さんが自転車をこいで散歩している。私達を見つけると、遠くにいても、ウォ～ンウォ～ンって言いながら、ズンッズンッて感じで走ってきてくれる。

なぜかノエルが、このメリーさんのことが大好きなので、メリーさんのお父さんはふたりのリードをＤ（ディー）カンで繋いで一緒に遊ばせてくれる。

メリーさんがズンズン走れば、ノエルもパタパタとあとからついていくって感じ。ノエルはそれがすごく楽しいみたいで、なんだかメリーさんは、ノエルのお母さんのよう。ふたりとも、ノリノリだ。

ララはいつもその様子を見やりつつ、コングに興じている。ララは、ノエルが他の女の子と仲良くしても、ちっとも焼かない。ノエルは、モーレツに焼きもちやきなのに……。

★

11月12日（月）晴れ

雨が上がってよかった。A図コースで今日はコングがいっぱいできた。一平と一緒に出たので八時～九時三十分さんぽ。パールと洗濯干し。今日は産婦人科に行く日だし、仕事もあるし忙しい。頑張ろう。
ダーリンが朝出かける時、二十四時間ロンパールームみたいやなぁと言っていた。
今朝のウンチ図→
ふたりともしっこはシートにしている。ウンチも

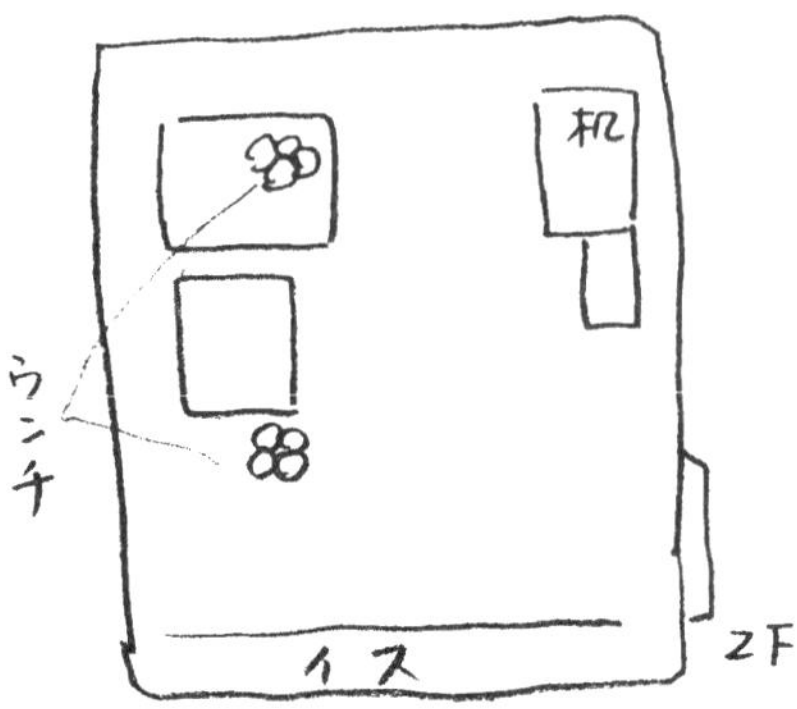

ノエル
いけいけ
GOGO＞

おしいところまできた。

　なぜか朝三階に上げたとたん、一平のおべんとうを作っている時、ノエルが三階でウンチしてた。二階に下りられないことを忘れていた。

　仕事はばっちりすみました。仕入代金も支払っときました。さんぽはじいちゃんと行く。ララ担当にする。さすがにばあちゃんより歩くのが早い。

　グラウンドでじいちゃんがノエルを引っぱって走ってくれる。私とララはコングに集中。

　ごはんは六時。留果ちゃんからTELある。ララとノエルは電話中はじけてた。

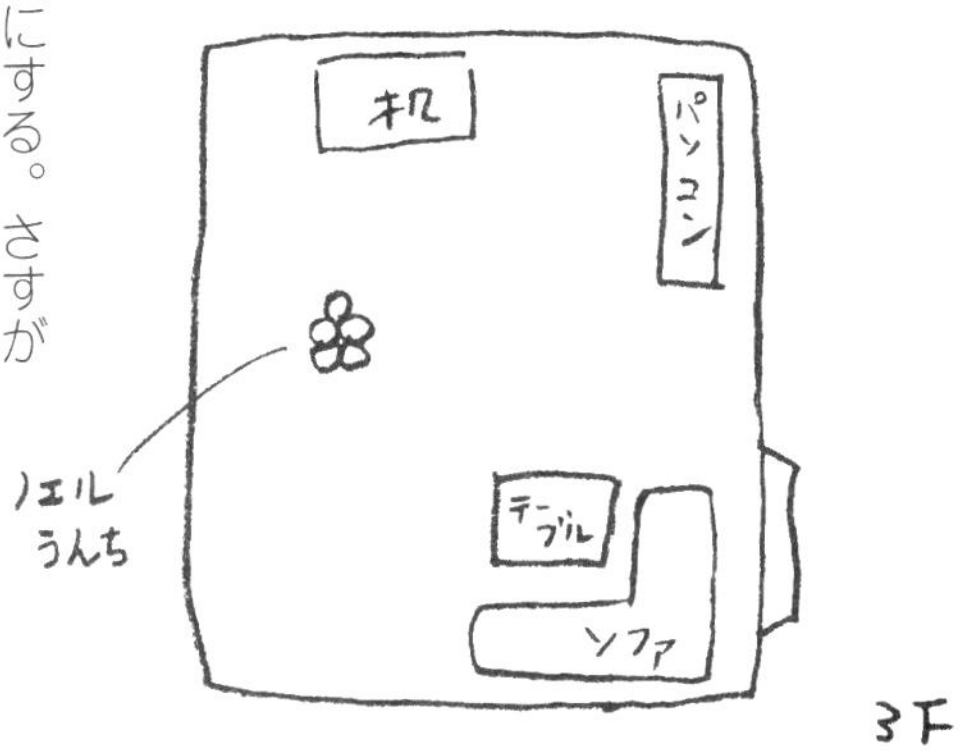
机
パソコン
ノエル
うんち
テーブル
ソファ
3F

ララとノエルのおあずかり日記

こんなの見たことなーい?

↑お風呂上りの図
パールはいつも見ている。
またやってるって感じ。
ララとノエルはこんな私についてきてくれるだろうか……。
家出されたらどうしよー。
　十時三十分、孝司くんがララとノエルを迎えに来た。
ララ～、ノエル～、あした迎えに行くよ～。

★

～絵木家のみなさま～

入院してからというもの、うちのララとノエルを預かってくれて本当にありがとうございます。

この日記帳で、この子たちが大事にされ、毎日めちゃくちゃ楽しく暮らし、ストレスもなく、快食・快眠・快便をつらぬき通し

ているのがよくわかってうれしいです。
あちこち破壊し、うんちを失敗し、パールにほえまくり、ごめんね。
もうしばらくお願い致します。

留果

Lala、Noelへ
ララ、ノエル。毎日楽しく暮らしているみたいだね。よかったね。はしゃぎすぎて、ケガをしないように。いいコにしているんだよ。大スキだよ。早くいっしょにお散歩行けるようにお母さんもガンバルぞ。

母より

★

慣れないララとノエルの世話と散歩で、姉が疲れ果ててしまわないように、夫に頼んで、休日の前の晩にララとノエルを引き取りに行ってもらったりした。休日を一日家で過ごし、夫が仕事に行くと、また姉がふたりを迎えに来て、連れて帰ってくれていた。ララとノエルが家で過ごしている間は、姉はゆっくりできるのだった。

★

11月13日（火）晴れ

ララとノエルを十二時三十分に迎えに行く。家に着くまでに一回ずつウンチした。すぐにゴハン。うれしそうだ。

ノエルがあくびしてるので三人（ララ、ノエル、私）で二階でねることにする。パールは三階の窓でねている。

また桃太郎のはなしをする。ドンブラコのところはあっというまに終わり、イヌやサルと出あうところはやたら長い。ノエル、ララ、パール、メリーさん、ばっくんなどが登場する。なかなか鬼ヶ島にたどりつけないおはなしだ。ノエルは首をかしげて聞いているが、ララはねている。

さんぽは、ばあちゃんと行く。今日は一時間半。いいペース。ノエルが上手に歩くようになって、よい子よい子です。

最初の骨が小さくなったので、新しいのを出してやる。ふたりとも
うれしそう。夢中。うっとり。
ふたりともソファが大すき。ソファに行こうといつもさそう。はー
い、すぐ行くよ。

★

夜、頃合を見計らって、よく私は病院から姉の家へ電話を入れた。
受話器を通して聞こえるララとノエルの声。楽しそうな雰囲気が伝
わる。
ある日の電話で姉は、テレビで紹介していた犬のしつけを実行して
いる、と言って私を笑わせた。
それは、犬がいたずらをすると、犬を怒るのではなく、そのいたず
らの対象物を怒るというやり方だった。例えば、咬んではいけないス
リッパを咬んだら、犬ではなく、そのスリッパに怒る。「本当にこのス
リッパはいけない子ね！」というふうに。
効き目があるかどうかは疑わしいが、飼い主のアヤシイ行動に、犬
は面食らうことは確かだろう。

どうしてこのごみ箱は
バカポンですか？
ゴミベコの
バカ！
ゴミ
なんで
なんで

あやしい行動

ゴミ箱に顔を突っ込むララに、姉はそのしつけ（？）を実行したのだ。……効き目はあったのだろうか……？

★

11月14日（水）晴れ、さむい

でんわで言ってたしつけ実行中。パールにはあまりノエルはほえなくなってきた。ララはゴミ箱に顔を突っ込むので、私はゴミ箱に向かっておこっている。

十時過ぎ、ふたりを迎えに行く。家に着くまでウンチ一回ずつ。ちっともゲリしないので助かる。

お昼ごはん（十二時三十分）までピーピーかいじゅうとか、かくれんぼして遊ぶ。ララにはすぐ見つかるけど、ノエルははぁ〜？ってかんじ。

昼ごはんのあと、ララとノエルは二階でよくねている。かくれんぼしている間、パールは三階の窓でずっとかたまっていたのでつかれたのか、パールも伸びきってねている。

じいちゃんが三時三十分に来てくれて、三時四十分にさんぽ出発。ふたりはめっちゃはりきっている。山もりウンチだ!!

さんぽの前にバナナ半分ずつ食べていった。帰ってきたのは五時。めちゃめちゃコングして、ノエルも走った。ワーイワーイってかんじ。途中でアクエリアスを半分ずつ飲ませる。

帰りララはぐったり、ノエルは超ダッシュで帰ってきた。帰ってくるなりバタクソーと三階でねている。かわいい顔してるなあ。ごはんは六時なので、それまでひとねいりだ。五時三十分になると外はまっくらです。

私と一平がごはんを食べている間、ララとノエルはねていた。そのあとピーピーかいじゅうをする。ウチのピーピーかいじゅうはすごいよ。

ときどきかいだんをころがって二階や一階に行ってし

まう。ふたりとも大はしゃぎ。

私は半そでで、汗だくでやっている。ときどき私の方がテーブルの下とかソファーの後ろとかにかくれると、ふたりに早く出てこいコールをされる。うれし、たのしゲームだ。

留果ちゃんから電話あり、留果も忙しそうだ。

★

よく日記に出てくるピーピーかいじゅうというのは、犬がくわえるとピーと鳴って怪獣の首がピョコンと出てくるゴムのおもちゃだ。

ふたりとも、これが大好き。卵の形をしているから、よく転がって、走って追いかけたい本能を充たしてくれるみたい。うれしそうに追いかける姿が目に浮かぶ。

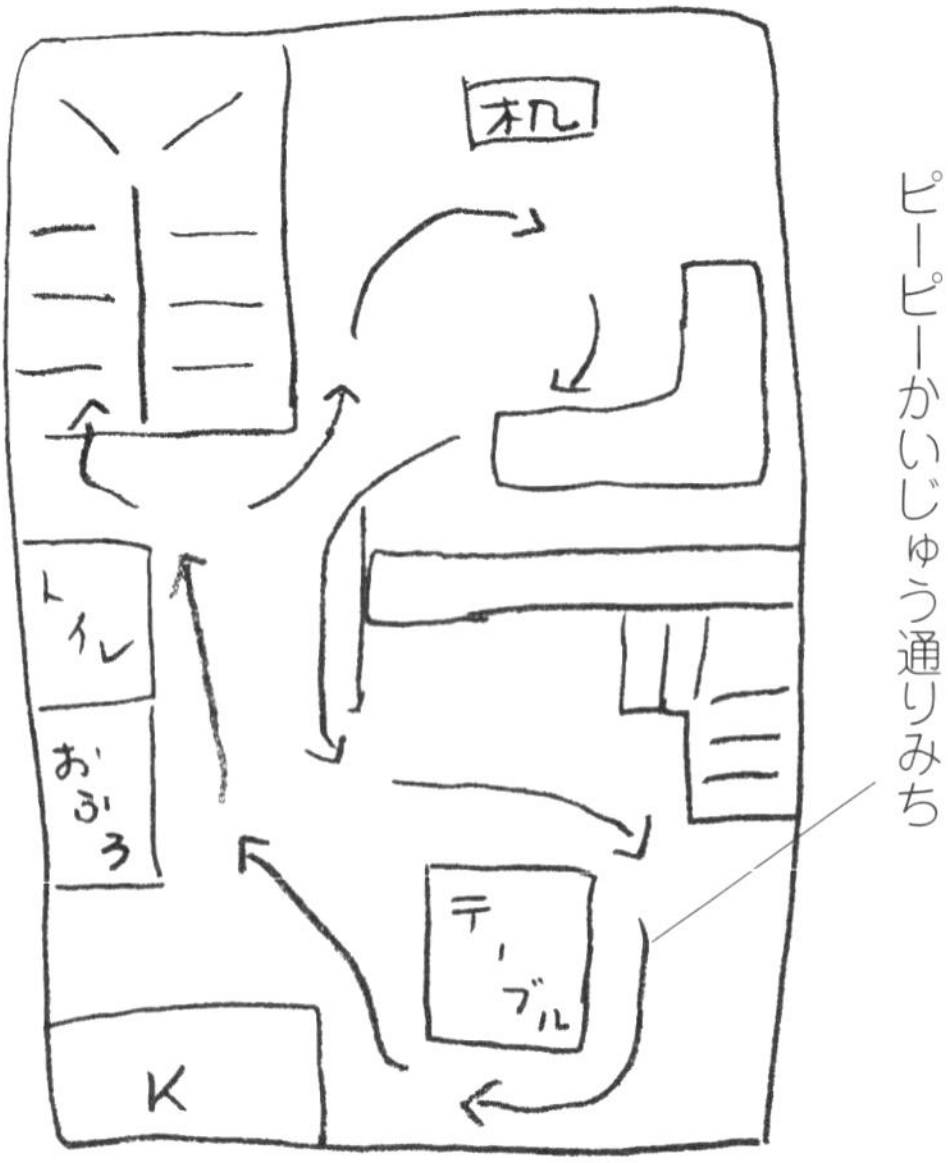
机
トイレ
おふろ
テーブル
K
ピーピーかいじゅう通りみち

11月15日（木）晴れ

午前中忙しかったので、ララとノエルを十一時に迎えに行く。ふたりとも大よろこび。ノエルは家につくまで三回、ララは一回ウンチした。十二時三十分、ごはんを食べさせてから学園（下の子の学校）に行く。帰ってきたのは五時三十分。おばあちゃんが来ていた。

おばあちゃんにるすばんをたのんで一平と公園に行く。まっ暗だったのでずーっと歩いた。七時に帰ってくる。途中学園のお母さんが、ゴールデン三頭をつれてお父さんとさんぽしていた。ノエルはそのゴールデンとお友達になってじゃれていた。うれしそうだった。

ごはんのしたくができたのでソファにすわると、ララとノエルも両側にすわって骨をハミハミする。

ダーリンが帰ってきても、ふたりともおとなしい。よい子になったなぁーと言ってる。階段にかざってたお花がころがってる。

「お昼のおるすばんの時やっちゃったの。だってつまんないんだもん。byララ」

11月16日（金）晴れ

夜の間しか雨がふらないので、めっちゃ助かる。ララとノエルは何してるかな。洗たくが終わったら迎えに行こう。

今日は遠回りして家につれてくる。途中公園に寄ったけど、小さい子がいっぱいで失敗だった。この時間はどの公園もだめだなぁ。

昼ごはんを食べてねんねさす。私は毛糸を買いに商店街へ。よい子でおるすばん。

三時三十分にさんぽ出発。おばあちゃんが来ないので、三人で行く。コングをしてから家にTELすると、おばあちゃんがお皿を洗っていた。結局三人でさんぽする。五時過ぎに帰ってくる。ウンチはばっちり、よいウンチ。

ララ、そこに入るのは無理と思うよ！
本人やる気まんまん。
鼻しか入っていない。

今日もいっぱい遊んでつかれたのか、八時ぐらいから爆睡《ばくすい》している。私は久しぶりにあみものをする。ミセスリビングのようだ。いいぞー。

★

留果ちゃん元気？　何時か会いに行く。行けなくてゴメン。（毅）

★

小さな子供や動物を楽しませることに関しては、姉は本当に上手だと思う。この「パールのウキウキハウス」もそう。これは姉の手作りなのだ。

大きめのダンボールに、パールが入れるように上や横に穴を開けて、天井からおもちゃをぶら下げたりしている。パールの大切な隠れ家だ。

どうもララは、ウキウキハウスの中が気になるみたい。だいたいララは、小さな時から、「穴」の中が気になるらしく、散歩中でも、しょっちゅう側溝の窪みに顔を突っ込んでいる。まるで、宝物を探すかのように。

ノエルはそんなこと、しないのだが……。

それぞれに、「気になる」ことが違って、面白い。

★

11月17日（土）晴れ

今朝ララとノエルを迎えに行くと、大変なことになっていた。ノエルが四階に上がって下りられないで、パソコンのところでしっこしていた。アララ。

そうじして花に水をやる。その間ノエルは大はしゃぎ。三階に下ろしても、すぐまた上がってくる。水やりの間、ノエルはずっととんでいた。水びたしだ。アララ。

もう一回ふきそうじする。その間ぞうきんを追いかけ回すノエル。アララ。

ララは三階で待っている。三人で楽しくさんぽしながら家にもどる。三人へとへとでお昼ごはんのあとねてしまった。

パールのごはんをすっかり忘れてて、一時半にパールのところに行くと、めずらしく山もり食べた。よかったよかった。

ララ、ノエル、パールはまたねている。幸せな土よう日。

★

お姉ちゃんへ
言い忘れてましたが、ララとノエルのごはん頼む時、七千円以上にしたら、運賃かかりません。フードと骨かジャーキー（五十本入）をたのんでやって下さい。いつもありがとう。

by 留果

★

11月19日（月）晴れ

朝、ララとノエルを迎えに行く。よい子にしていた。

花に水をやっている間、三階でちゃんと待ってる。四階に上がれないようにガードしたのだ。

気げんよく帰ってくると、ダーリンも帰ってきた。留果ちゃんのところに行くと言う。

さんぽはじいちゃん、ダーリンも一緒に五人で行った。なぜかダーリンがへたっていた。ノエルの走りにおどろいている。そうでしょうとも。じいちゃんはだいぶなれて上できだ。

今夜は孝司くんが来ないので、九時半からみんなねている。ダーリンがいたのでララもノエルもずっと起きてて つかれたのか、夜もぐっすりよい子でねていた。

11月20日（火）晴れ

朝起きると、しっこもウンチもばっちりトイレでできていた。よっしゃー。九時にさんぽ出発。十時に帰ってくる。

私が朝ごはんを食べている時、ララ

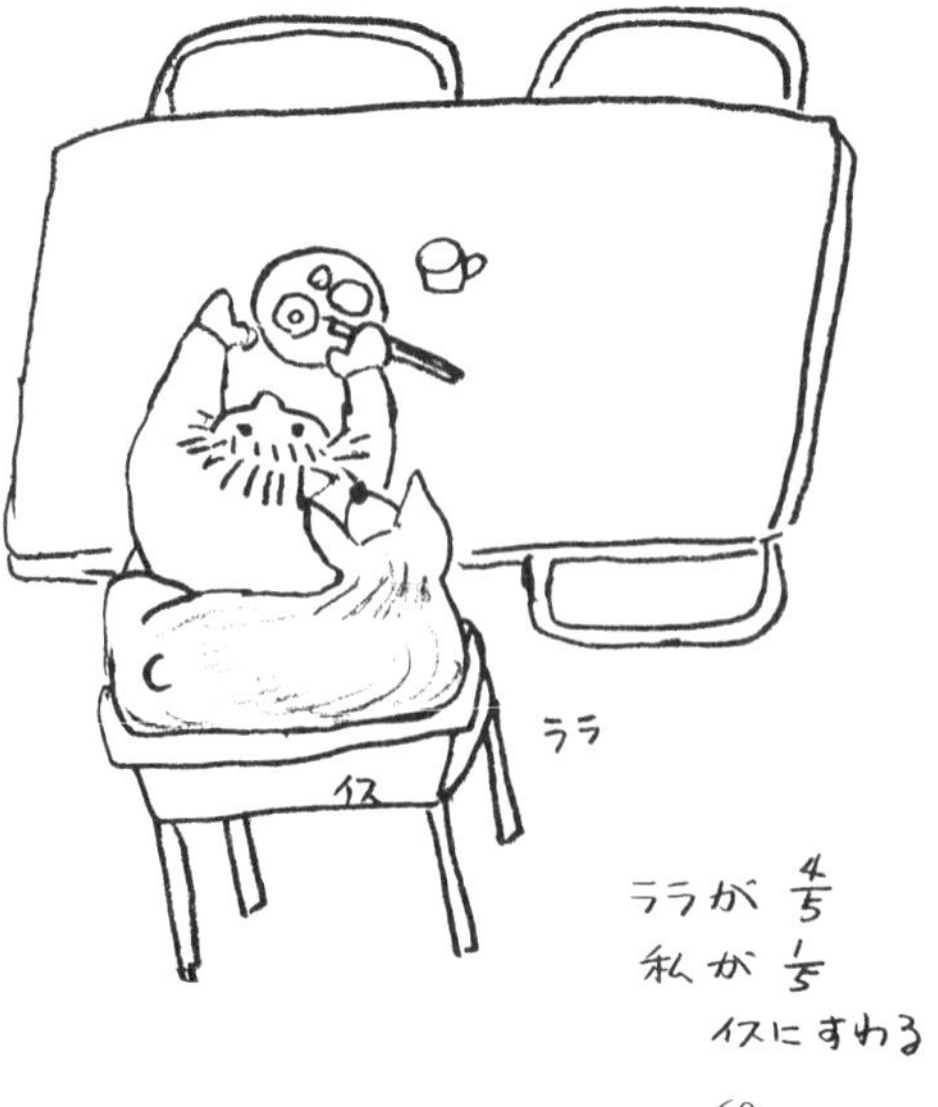

はテーブルのイスにすわって後ろから見てる。

さんぽ、三時〜五時。じいちゃんと行く。いつものコース。ふたりともウキウキ。コングをして今日は世界の森に行く。ノエルは階段の上下も平気で世界の森のいろんな家に入っていく。ララはバテぎみだけど、けっこうはりきっている。

今日はネパールでブラシをした。途中メリーさんに会う。ウォ〜ウォ〜のしのし走ってきた。ノエルとじゃれている。今日はあちこち行って四人ともバテバテで帰ってくる。

ごはんはまだだよ。ララとノエルは私のまわりでいきなりねている。かわいいのー。

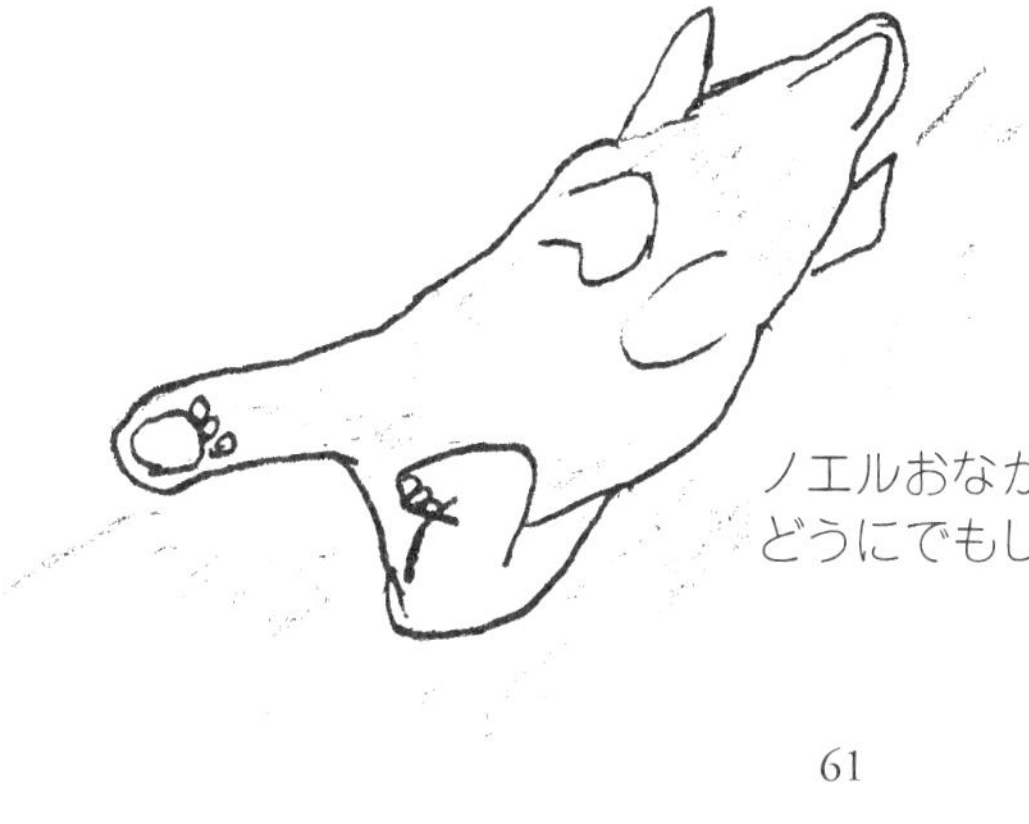

ノエルおなかだしてねてるところ
どうにでもして……っていうかんじ

11月21日（水）晴れ

今朝は朝のさんぽからじいちゃんが来てくれて、ノエルも思いっきり走れた。うれしそう。

帰り、メリーさんに逢う。ララとノエルのことを心配してて見に来てくれた（さがしてくれた）らしい。ノエルははしゃぐ。帰ってからふたりはねている。

ララは夕方のさんぽの前、バナナをあげたのに食べない。おかしい。

11月22日（木）晴れ

ララはハンスト中だ。結局朝ごはんは食べなかった。八時半、さんぽに行こうとするが、どうしても行きたくないみたい。夕べから少しおかしい。体調がわるいようでもないし、ホームシックだろうか。

ノエルのしっこがまんできそうもないので今朝はノエルだけさんぽに行く。帰ってくると、ララはでかけた時のままでかたまっていた。

ひるごはん、ララはまた食べない。ノエルはいつも通り。ララに一つぶずつ手であげると、一時間ぐらいかけてやっと食べてくれた。その間ノエルはやきもちやいている。

ぴーぴーかいじゅうをして気げんをとる。この時はごきげん。

さんぽは、ばあちゃんと行く。ララをだっこして下におろす。今度はきげんよくしてくれた。

夕ごはんは、やっぱりララのそばにずーっといて、よしよししてやると少しずつ食べた。甘えっこしてるのかなあ。

留果ちゃんが来た。ララ、ノエル良かったね。今夜はおうちでねんねだよ。また明日迎えに行くからね。明日も晴れますように。

11月24日（土）晴れ

朝、孝司くんがあせって電話。なにごとかと思ったら、ねぼうしたって言ってた。ララとノエルを迎えに行く。よしよし、いい子だ。シャンプーのにおいがする。

さんぽはじいちゃんと行く。ものすごく公園はこんでいた。世界の森を一周する。途中、だれもいない広場があったので、コングができた。よかったねララ。

晩ごはんはララもノエルもよく食べてくれた。ひと安心だ。

留果おばちゃん元気？　俺は甲子園目指して友達と頑張ってるから、早く元気出してララとノエルをかわいがったってや。（優将《ゆうすけ》）

★

11月26日（月）晴れ

バタバタの二、三日だった。優将が帰ってくると、メシメシこうげきと、友達がたくさん来るのでペースがくずれる。ララとノエルは寝不足ぎみ。

今日はやっと静かになってあくびしてねてばかりいた。

ララちゃん、ごはん順調です。さんぽはよーくしています。ずっと天気がいいので助かります。でも三連休でコングがあまりできなかったので、今日は朝も夕方もいっぱいしました。

あ！　ユウスケにハワイのおこづかいありがとう。ユウスケはノエルと気が合うみたいで、ノエルはずっとユウスケにひっついてました。ユウスケも、ノエルになめられても「いやしゃ～」と言って一緒にねたりしていました。ふしぎな仲です。

散歩中にパンを食べて変死している犬が急増とニュースでやってい

ユウスケとノエル

高野山につれていったろか

た。ララとノエルも気をつけなくっちゃ。

★

姉には二人の息子がいて、上は高校生、下は中学生だ。上の子は山の中にある全寮制の学校に行っていて、夏休みや冬休みになると、下山して帰ってくる。そして、中学時代の地元の友達と、毎日大騒ぎして遊ぶのだ。

朝と言わず、夜中と言わず、図体《ずうたい》のデカイ男の子達がドタドタ歩き回る。ララとノエルもそんな環境は初めてで、毎日かなりの興奮状態みたい。みんな、ララとノエルをすごくかわいがって、よく一緒に遊んでくれているみたい。

ある日の夜中、ユウスケ（上の子の名前）が外に出ようと階段を下りたら、先に下りていた友達が、暗がりの玄関で、寝ぼけまなこのララを抱っこして、突っ立っていた。

ユウスケが、

「お前、何しててんねん。ララ抱っこして、どないするつもりやねん!?」

と言うと、友達曰く、

「いやぁ、あんまりかわいいから、連れて帰ろうかと思って」

「あほ！　それは誘拐やないか。こっちへ返せ」

……危うくララは、誘拐されるところだったのね。でも、楽しい話。

みんな、かわいがってくれて、ありがとね。

★

11月27日（火）晴れ

今朝、三人でさんぽに行く。メリーさんが来たので、ノエルをリードからはなしてやる。大よろこび。わーいわーい。ララはコング以外目に入っていない。

メリーさんのお父さんがエリーちゃんに子供ができたと留果ちゃんに言っといてと伝言。ノエルはすごくはじけて大よろこびのさんぽでした。

三時、じいちゃんとさんぽに行く。ウンチも順調だ。

五時頃さんぽから帰ってきて、六時のごはんまでふたりは私についてまわっている。ごはんもララは、ちゃんと食べてくれるようになった。ひと安心、ひと安心。

　今日はひときわ寒かったけど、ララもノエルもメリーさんもやたら元気でふりまわされている。私は二重あごがなくなったようだ。

　ダーリンがねてると、ララが足をまくらに骨をかんでいる。ノエルは頭から顔からずっとなめて、ダーリンはノエルのことアリクイと言ってた。

11月28日（水）晴れ

　朝のさんぽ、メリーさんとナナちゃんとノエルはじけまくり。どうしようもないくらい走っていた。キャーキャーワーイって

ララの寝起きの顔

感じかな。

ララはコング。途中からララも三人にくわわってコングをなくす。メリーさんのパパがさがしだしてくれた。

夕方は、またじいちゃんが来てくれて、さんぽに行く。

夜もすっかりなれてよくねるようになってくれた。お昼ずっと私のそばにいてあんまりねてないみたいだから、八時頃になるとめっちゃねむそう。それでもみんながいる三階でのんきにしている。

十時に二階に行ってねかすけど、その時私がパジャマを着てないと納得しない。パールも二階に移して電気を消すと、十五分もしないうちにララはいびきをかいている。パールは寝室に行くと、やたらはりきってタンスの上からとんだりして大はしゃぎ。一時間は遊んでやらないとねてくれない。

今日も一日ごくろうさん。

★

ララとノエルが来てからというもの、姉がふたりに費やしてくれる時間が多くなった分、パールは淋しい思いをしているに違いない。クールな彼女だが、本当はとってもシャイで甘えんぼ。

姉に抱っこされている彼女は、安心しきって、本当にかわいい。

パール、ララとノエルのために、淋しい思いをさせてごめんね。今度、パールの大好きな猫じゃらしをプレゼントするから許してね。

★

11月29日（木）晴れのち雨

朝は、じいちゃんがはりきってさんぽに来てくれる。今日は他のワンちゃんに会わなかった。ララはコング、ノエルはじいちゃんにつきあってゴミひろいしている。

とうとう夕方雨が降った。ララは出発からやる気なし。それでもなんとか中学校の裏の公園まで行く。ウンチもノエル二回、ララ一回する。しかも花だんの中で。ぐるぐるあちこち遠回りして三人ともびしょびしょで帰ってきた。ララは途中何回も家に帰ろうと言ったけど、ノエルがやる気まんまんだったので仕方なくついてきた。

帰りつくと、バスタオルでふたりをふいて、それでも家の中は肉球（足の裏の足あと）だらけになっていた。まぁいいか。夕ごはんまでふたりはソファにすわって気げんよく骨をかんでいた。

雨のさんぽもクリアーしたぞ！

今日はコングできなかったので、あとでいっぱいピーピーかいじゅうしよう。

11月30日（金）くもりのち晴れ

朝のさんぽ、またメリーさんとはしゃぐ。今日は小学校の子供たちがいっぱい来ていてララのコングにみんなよろこんでくれた。メリーさんとノエルの追いかけっこはみんな遠まきに見ていた。たのしかったねぇ。

昨日の雨でふたりともどろどろ。むちゃくちゃで家に帰る。ふたりともねんねしている間に銀行に行く。昼ごはんのあと学園に行った。

四時に帰ってきたので、急いでさんぽに行く。これまたはりきってコングのあと、ノエルを公園中走らせた。その間ララは自転車の後ろに乗ってる。ノエルがつかれたところでまたゆっくりさんぽする。帰ってからの夕ごはんは、ふたりとも三秒で食べた。

今日ちゃんと、孝司くんからあずかったくすりのませました。

12月2日（日）晴れ

ララとノエルが帰ってきた。

パールがノエルの前を通って歩いていく。ノエルはポカンと見送っている。なんてことなの。パールは二階、三階とララとノエルがいるにもかかわらず、ノエルの様子を見ながら走っている。よしよし、いいかんじ。時々、フーシャー言ってるけど、ふしぎなかんじ。

六時、夕ごはん。そのあとおやつをあげる。一平の友だちのがんちゃんがあげてくれた。一平の友達も三人をかわいがってくれる。ララとノエルも男の子たちにだいぶなれたみたい。

12月3日（月）晴れ

今朝はふたりとも川に飛び込む。あーあ、走りまわる。じいちゃんも来てくれて、おおはしゃぎ。メリーさんも来たよ。今日はふたりをシャワーする。お風呂までだっこして行ってふらふら。

二階のララとノエルの部屋の温度を高くして、ふたりをかわかしてたら三人で昼までねてしまった。ララとノエルはぴったり私にひっついてねてくれる。かわいいー。パールのごはんを忘れてて、ミーちゃんみたいにニャーニャーないていた。ごめんねパール。三人にごはんをあげて、またねている。

夕方のさんぽ、じいちゃんと行く。コングの途中でララが川に入った。あーあ、まあいいか。三〇～四〇回ぐらいコングして、世界の森をさんぽして、ノエルを走らせて帰る。

ふたりともつかれたのか、九時頃からウトウト。

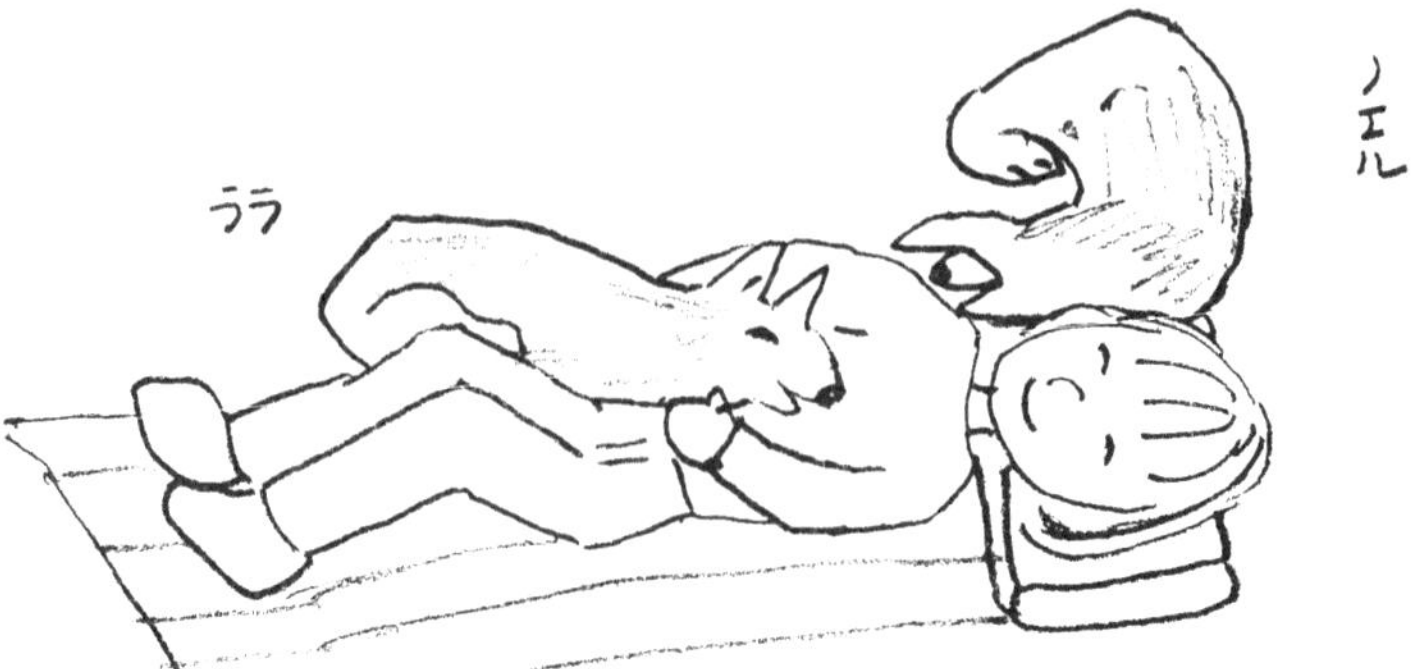

12月4日（火）雨のち晴れ

雨が上がったので、楽しくさんぽに行く。ななちゃんが来ていて、ノエルと走りまわる。ララもめずらしく一緒に走っていた。

さんぽから帰って三時ごろまで店をかたづける。その間、ララは階段でずっと見ていた。となりの笹岡さんや谷さんが来て、ララがかわいいと言ってくれた。

夕方ばあちゃんとさんぽに行く。ララがまた川に入る。まあいいか。コングのあと緑地公園の中にある「花の谷ゾーン」に行く。

帰ると一平の友達が来て、ララとノエルとピーピーかいじゅうしてくれた。家の中は工事でもないのにゆれている。

楽しくあそんだあとは、夕ごはん。ばくばく食べた。きっと今日もよくねるだろうなぁ。ふたりはもう骨をハミハミしてウトウトしている。ただいま七時です。

12月5日（水）晴れのちくもり

今朝のさんぽは中華料理店の配達がなかったので、早くから行った。

ララもノエルもリードを取って走りまわらせる。ノエルがだいぶ言うことを聞いてくれるので、ありがたい。

お昼は留果ちゃんのところに行ったりしてる間もよくねてたみたい。雨が降りそうなので、三時からさんぽに行く。しかし雨は降らず、五時まで公園であそびほうけてしまった。

二時間も走りまわり、ララのおなかがぐーとなるのをはじめて聞いた。めっちゃおなかへってたのか。ふたりとも、がつがつ食べる。パールはあいかわらずスプーンか私の手から食べてるので、なんなのーってかんじでながめている。

ユウスケから電話で、「冬休み、ララとノエルをかわいがるから、留果おばちゃんは心配せんように」って言ってた。

よかったね、ララ、ノエル。

12月6日（木）雨のちくもり

朝、いやがるララをなだめてさんぽに行く。ノエルは雨でも平気でうれしそうにとんでいる。

中学校の裏の公園でおきまりの花だんにふたりともウンチ。少しあそんで小学校の方まで歩いて帰ってくる。

三人ともびしょぬれ。ふたりともシャワーして部屋を三〇度にして二時間かかってかわかしてあげる。つかれたのか、おひるねぐっすり。

三時三十分、ばあちゃんと四人でさんぽ。最初は雨も降らずごきげんだったのに、途中から大雨。ララを自転車に乗せて走って帰る。ノエルはつよい。雨の中をびゅんびゅん走る。帰ってからまたもや三〇度の部屋。

夕ごはんも食べて、ふたりはごきげん。どうか明日は晴れますように。アーメン。

ノエルが事務所でないているので見に行くと、いつもパールがすわってる出窓のざぶとんにノエルがすわってねこになってた。結局

上がったはいいけど、下りられないでないていた。一度すわってみたかったのかなぁ？

12月8日（土）晴れ

留果ちゃんが帰ってきた。ララは足もふかずに階段をかけ上がっていった。「ララ〜まて〜こら〜」といくらさけんでも、もどってこなかった。ノエルもあばれている。

★

検査も治療もない天気のいい日に、時々私は、主治医に外出許可をもらって家に帰った。

姉に休んでもらうためと、やっぱりララとノエルに会って散歩がしたかったから。それはまた、病院内の空気しか吸えない私の、大きな気分転換にもなった。

病院から、直接姉の家へ行き、ララとノエルを連れて家へ帰る。早速、散歩の用意をして出発。ウキウキお散歩の始まりだ。

けれどある日、張り切り過ぎた私は、とんでもない目に遭ってしまった。

その日は結構暖かくて、私も、ララ、ノエルもウキウキ気分で公園を散歩していた。調子良く、あっちに行こう、こっちにも行ってみようって、二時間ほど歩き続けた。しかし、これが失敗だった。

入院する前なら、このくらい歩くのはへっちゃらだった。だけど、一日の大半をベッドの上で過ごし、病院内を少し歩くだけの日々を送っていた私の体は、相当なまっていた。

体が、完全に「入院患者モード」にセットされていたのだ。

そのことに自分自身気付かず、以前と変わらない気で歩いてしまった私は、体のあちこちが筋肉痛になってしまった。

散歩を終えて、ララとノエルをまた姉に預けて一人で病院に戻ったが、途中から歩くのも難儀なほどに、全身がイタイ……。

「あ～、まったく、なんておバカなんだろう……」

やっとの思いで病院に辿り着き、パジャマに着替えてヨタヨタと廊下を歩いていると、看護師さんに、

「どうしたん!?　具合悪いん!?」

と聞かれて、

「いやぁ、ちょっと張り切り過ぎて、筋肉痛になって、アハハ……」

と言うと、

「病気やねんから、ちょっとは自重して下さい！」

と、ものすごく怒られてしまった。

『体は、正直だなぁ……』

お散歩は楽しかったけど、ちょっぴり反省の日だった。

★

12月10日（月）晴れ

朝は元気にさんぽに行く。コングを待ちかねてララは走る。ノエルも、だれもいなかったのでリードをはなしてやると、走り回っている。すごーい速い。

ノエルのきらいな黒らぶが来たので、リードをつなぐとほえまくっていた。ララはなんのこと？　ってかんじでコングしている。

今日は集金と銀行支払いで忙しかったので、みんなおるすばん。帰ってくると、パールはのびてねてたけど、ララとノエルはブーイング。

「おばちゃんどこいってたん。何してたん。もうおそいなぁ。つまんないー。あそぼ、あそぼ、あそぼ〜」とさけんでいる。「はいはい、ぴーぴーかいじゅうしようね」。

いくらやってもつかれを知らないふたり。へとへとになって三人ですわりこむ。そうこうしているうちに三時半だ。ばあちゃんが来てさんぽ。ばあちゃんふらふら、ふたりはごきげん。

ララもノエルもいっぱいウンチした。いいぞ〜。途中メリーさんに会う。ノエルとメリーさんのリードをつないであそばせる。ごきげん。

12月11日（火）晴れ

朝ねぼうした。起きたら八時十一分だった。一平もちこく。私も配達先の保育園へ飛んで行く。帰ってきたらもう一度中華料理店へ配達。

ララとノエルの朝ごはんも八時十三分だったので、めっちゃおなかすいてたねぇ。パールは

寝室にほおりこんだまま。九時すぎになんとかさんぽ出発。私がワーワー言って、「一平、ララ、ノエル、ちこく、ちこく」とさけぶので、ララとノエルも大はしゃぎ。ウンチもりもり。

二度目の配達から帰ってくると、ノエルがうんちとしっこを毛布にしていて、その上をふんでしまって、ごていねいに私までノエルのうんちをふんでしまって、さようなら、くつ下、さようなら、毛布。ばたくその午前中だった。

毛布は洗ってみたけど、ウンチがめりこんで取れない。明日はぜったい早起きするぞ。たたみの上にキルティングマットを敷いてあげた。これで寒くないよね。

夕方はじいちゃんとさんぽ。帰ってくるとパールが階段で待っていた。ノエルはまたパールとすれちがう。ララとノエルに上下ではさまれて、パールは固まっていた。でもフーもシャーも言わない。

ノエルが近づくと、なんとノエルを飛びこえて走っていった。一・五メートルは飛んだよ〜。すげ〜。ノエルは飛びこえられたことに少しの間気づかず、まだ階段を見ている。ララの方が先にパールのあとを追いかけていた。ノエル〜。

ノエル〜〜
パールは
あんたの上よ
まったく!!
と、ララは言ってた
ぜったい。

12月16日（日）晴れ

夕方、ララとノエルがもどってくる。

留果ちゃんと入れ替わりに一平の友達が来たけど、ララもノエルもなかない。すごくなれてるでしょ。留果ちゃんはどさくさにまぎれて病院に帰った。

ララとノエルのことはまかしといて下さい。

また明日からさんぽがんばろー。どうか天気になりますように。

12月18日（火）晴れ

昨日は熱が出て、ずっとねてしまった。

朝はなんとかさんぽに行く。ふたりとも元気だ。

?
スタン

メリーさんがいつも待っててくれるので、ノエルは大よろこび。

さんぽから帰っててねる。起きたのが二時で、あわててごはんを食べさせる。またねる。

今度起きたのは、じいちゃんとばあちゃんがさんぽに来てくれた時。だいじょうぶか心配でねれず、帰ってくるのを待ってると、フラフラとじいさま、ばあさまが帰ってきた。ララはコングを持ったまま家の方に走って、じいちゃんが自転車で追いかけたって……ごくろうさん。

またねる。起きたのは八時半。あわててごはんにする。

そして、今日熱が下がってわりと元気。朝、ばあちゃんが来てさんぽする。メリーさん、ななちゃんとごきげんであそぶ。

家に帰って足をふいてやる時、ララがく～んとないたので見ると、足のつめをケガしている。

バーニー先生にとんでつれて行く。ララは主治医のビータ先生とちがうので、ここはどこ？ってかんじ。順番を待ってる間すごくよい子で、みんなに「おとなしいねぇ」とか、「かしこいねぇ」とか言われた。

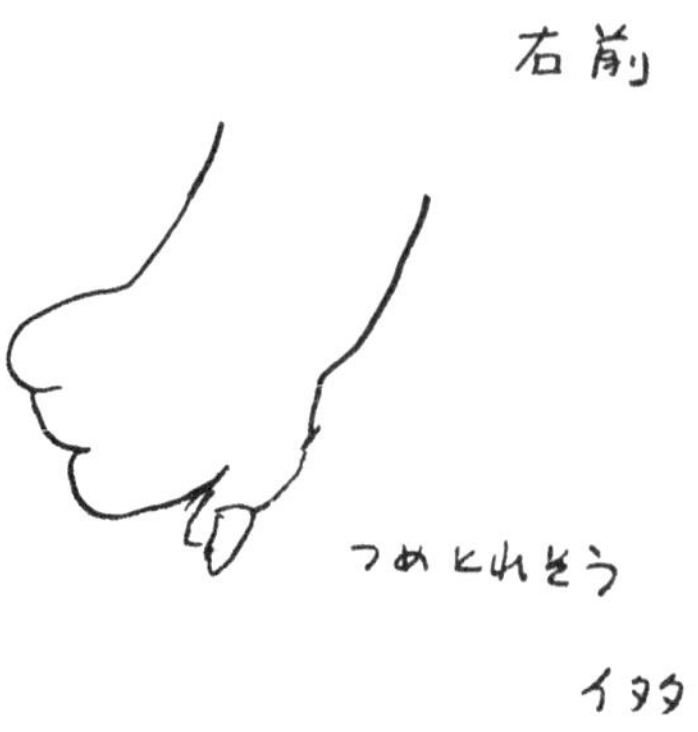

いよいよララの番。診察台を見たとたん、おしりが引く。ララをだっこしてみてもらう。「ちょっと毛をそっていいですか」「はい、どうぞ」。ララは小さいバリカンを見て固まる。

　ぜんぜん痛がらなくてよかった。つめは取らない方がいいって。けっこう深いところから折れてるから、取るといっぱい血が出て痛いからって言ってた。歩かせても普通に歩いてるし、だいじょうぶだって。つめがのびてきたら良くなるって言ってた。

　夕方、さんぽ。コングしたけど、いつも通り走ってくれた。よかった。

　帰ってきてソファーで三人ですわってると、パールがのぞきに来た。

パールがすわっているララの手に自分の手を乗せた。すごーい。わんわんノエルがほえた。パールは机の下にすっとんで逃げた。いいところだったのになぁ。パール、お見舞いありがとう。

ノエル、今日はさびしかったね。ララちゃんが病院行ってる間、つまんなかったねぇ。ノエルも心配してくれててんなぁ。しっこシートがものがたってたよ。もう安心、安心。ララとノエルは一緒だよ。かわいいノエル。

ララと私が帰ってきた時のノエルの顔。なきつかれてあばれすぎてほうけていた。

★

十二月十八日。この日の日記を読んだ時、私はノエルの大パニックぶりが手に取るようにわかって、切ないやらおかしいやらで、思わず涙をこらえながら微笑んでしまった。今すぐ彼を抱き締めてやりたい気持ちになってしまった。

私はうっかりしていた。姉に知らせておくのを忘れていた。そう、ノエルは家に来てからというもの、一度もララと離ればなれになったことがなかったのだ。散歩はもちろん、私の実家へも動物病院へ行くのも、いつも一緒だったのだ。

この時、初めてひとりぼっちで（といっても実際はパールもいるのだが、この時の彼にはパールは見えていない）お留守番しなければならない状況に置かれた彼は、何を考えたろう。

彼にとっては、突然訪れた「ララとの別離」という、生まれて初めての試練だったのだ。

最初は気が狂ったようにワンワンと吠えまくり、次に淋しい・切ないモードのキューンキューンのなき声になり、そしてついに、やけくそモードでおしっこシートをバラバラに引きちぎってしまったのだ（このノエルのなき声の経緯は、裏に住むおじさんが言っていた）。

そして、ララが姉と共に帰ってきた時、なきすぎ、暴れすぎて疲れ果てたノエルは、ほうけたように階段にへたり込んでいたのだ。

……ノエル。必死で、一生懸命で。切なく、かわいく、愛しさが募る。

ノエルのパニックぶりを見ていたであろうパールの様子も想像できて、なんだかおかしい。

優雅に出窓に座って、クールな様子でノエルに、

「あんた何ひとりで騒いでんの？　そんな大騒ぎせんでも、そのうち帰ってくるやん。黙って昼寝しとったらええねん。ほんま、あかんた

れやねぇ……」って感じ。


孝司くんが迎えに来てくれた。ララとノエルははしゃいでいる。

ノエルは走ってララは自転車の後ろに乗せて帰る。明日迎えに行くからよい子にしていてね。早くねんねするんだよ。

★

12月19日（水）晴れ

朝からバタバタ学園に行く。帰ってきたのは一時。あせって留果ちゃん家《ち》に行く。

いない。いない。「ララ〜ノエル〜、どこいったの？」テーブルの上に置き手紙。「ララとノエルは会社にいます」孝司くんに電話する。「十分ぐらいで来れる？」ってか。私はこれ以上ないぐらいダッシュで孝司くんの会社に向かった。ここにいたのね。ララ〜ノエル〜。

三人で家まであそびながら帰ってきた。三人ともぐったり。今日は夕方のさんぽを休みにして、ふたりをねかしておくことにする。

五時過ぎ、一平の友だちが来て、また一緒にあそんでくれる。たのしいひととき。ヤホホヤホホ。

12月20日（木）晴れ

今朝も元気よくさんぽに行く。ララは足のことは気にしてないみたい。ひきずってないし走ってる。

帰ってきて見てやると、やっぱり痛々しい。毛をそってるからよけいかな。けがしてからピーピーかいじゅうしてないのでつまんない。でもそのぶん朝のさんぽも長くした。今日は十一時まであそんでいた。おばあちゃんとさんぽに行った。緑地についてノエルを放してやると、大はしゃぎで走り回ってうれしそう。ララも調子よく走ってる。途中、世界の森に行く。今日はあたたかかったので、みんなごきげんさんぽだ。

あしたは雨かな。どっちにしても元気にさんぽに行こう。

12月21日（金）雨

朝のさんぽは、中学校の裏の公園に行った。だれもいない。三人でウロウロする。つまんないねぇ。それでもウンチをもりもりして、クンクンにおいをかいで、ノエルは私の顔を見上げて笑ってる。ララは「もう帰るー。帰ろー」とノエルのウロウロを「ええかげんにせー」としまいにはおこりだした。

「ララちゃん、おうちに帰ろうか」と言うと、目をまんまるにしてウンウンとうなずく。それでも一時間ほどさんぽして帰ってくる。

途中車イスに乗った女の子に逢う。ここでノエルが思いもよらない行動に出た。車イスの方によってクンクンして女の子の前にフセしたのだ。女の子につきそっていたお母さんとおばあさんはニコニコして、「わぁ、この子かしこいね～。介助犬になれるよ～」などと言ってくれる。その後もノエルは車イスの周りをまわって何度もフセをする。女の子、お母さん、おばあちゃんは大感激!! 私もノエルがかしこいなんて言われたことないから、何かのまちがいじゃないかと？？？

曲がり角で別れてからも、ノエルはずっとすわって雨の中、女の子を見えなくなるまで見ていた。ノエル～どうしたんだ!! とにかくとってもよろこんでいただけた出来事でした。

ノエルは女の子が車に乗せられ立ち去ったあと、まだふりむきながらうれしそうに家路についた。

と、ここまでは良かったけど、なんせ雨の中、ノエルのおなかはどろどろびちょびちょ。家に帰ってから最悪でした。また風呂で洗ってかわかす。途中パールがのぞきに来て、ノエルがぬれたまま風呂場から飛んで出て、パールを追いかけてびしょびしょ。またつかまえてかわかして、パールがのぞきに来て、ララまで飛んで来てヘトヘトの午前中……パールは今日はやたら元気でノエルを挑発するもんだから、ノエルものりのりでおいかけまわっていた。パールの優雅さはウソだったのか。今日はノエルを相手に、イリオモテヤマネコになっていた。ただいま十二時十五分、三人ともぐーすかぴーとねている。私はヘトヘト、ボロボロ。魔女のようだ。

夕方、雨が小降の時にさんぽに行く。また中学校裏の公園だ。雨が降ってるとハトもいない。とりあえずウンチをして、うろうろして帰ってくる。明日はどうか晴れますように。

夕方はあんまりごろごろしなかったので、タオルでふいてお風呂には入らなかった。それでも部屋は暖かくして毛をかわかす。

ふたりはもうねむそうだ。晩ごはんまでは時間があるのでソファで骨をかじってうとうと。いい調子だなぁ。

ユウスケが帰ってきた。今夜からゆっくりねれないよ。今のうちによーくねてなさい。

夜九時、優将の友達が八人も来て、みんな合わせて十人。四階が落ちてきそうだ。ララとノエルはめちゃめちゃはしゃいでいる。わ

頭はとうぜん
ボサボサ
メガネはパールにけられてとんでいく
シャツがでてる
ノエルをだっこしたシミ
ララかノエルかパールかわからない肉球
家の中は肉球だらけ！

んわん、キャーキャー、スリスリ、とびとび、なでなで、ワハハハ。

この調子ではねそうもない。けっこう楽しそうなので、ほっておく。

ふたりは次々相手してもらってなんじゃこら～ってかんじ。みんなでかいし、頭は赤やら黄色やら、CDやMDはバンバンかかってて、この子たちはどうなるんだろう……？

十時三十分、くたびれはててねました。

★

思わず爆笑。姉の奮闘ぶりがわかっておかしい。雨の日の散歩は、あとが大変なのだ。

パールも退屈していたのだろう。珍しくふたりにちょっかいを出している。

本当に大騒ぎだったのね。

それにしても、この車椅子の女の子の話には少し驚いた。ノエルは何を思って、何を感じてこんな行動に出たのだろう。労るべき人を、彼は本能的に感じ取ったのだろうか。まだ、たった一歳の彼が……。

★

12月22日（土）晴れ

晴れた、晴れた。でもめちゃさぶい。三人でさんぽに行く。きげんよく行ってたけど、ララが緑地についたあたりからとまって、つめのところをなめている。今日はコングやめとこうか。ずっとさんぽする。ララは何度かたちどまってケガしたところをなめる。痛いのかなぁ。一時間ほどうろうろしてララを自転車に乗せて帰ってくる。家では元気にしてるんだけどなぁ。やっぱり少し血がにじんでいる。早くビータ先生につれていく方がいいと思うんだけど。

12月23日（日）晴れ

今朝のさんぽは、ユウスケがちょうど朝帰りからもどってきたところで一緒にさんぽに行ってくれた。ノエルとユウスケはうまくやってる。ノエルの走りの速さにびっくり。ララは芝のところで少しコングする。ウンチももりもりだ。今日は一時間半さんぽして帰ってくる。

夕方じいさまが来てさんぽに行く。天気がよくて、わんちゃんや子供たちがたくさん来てて、コングもせずにいっぱい歩くことにした。

ララはきげんよくしている。今夜はユウスケの友達の出入りがはげしく、また明日はねぶそくか？

12月24日（月）晴れ

朝三人でさんぽに行く。キキちゃんというわんこがいて、ノエルはめちゃめちゃ気にいった様子でキキちゃんのそばからはなれない。どうしても動かない。スリスリ、スリスリ、パールになってた。

キキちゃんもまんざらでもなさそう。ララはぶりぶりにおこっている。キキちゃんはお母さんとお姉さんふたりにつれられていて、ノエルがお姉さんたちにもスリスリ寄っていく。

帰り道も一緒になったけど、ノエルはどうしてもキキちゃんといたいらしく、すわりこんでたいへんでした。

孝司君がビータ先生のところにふたりをつれていく。塗り薬をもらう。夕方のさんぽに行ってもララは平気で走っている。調子はいいみたい。

ねる前に塗り薬をつけてねる。

今日はクリスマスイブ。ノエルの日だ。

12月28日（金）

　ユウスケが帰ってきてから、なかなか日記が書けなかった。今日はさんぽをいっぱいした。夕方は三時から行った。ララとノエルはごきげん。今日帰ると思うとさびしいなぁ。元気にしてるのよ。またさんぽいってあげるからね。

　たぶんララとノエルはごきげんな二ヵ月だったと思う。おこられることもなく、のびのびしていた。ウンチも一回もゲリしなかったし、よかった、よかった。

★

とりゃ〜。ユウスケです。おばちゃん、はよげんき出してララ、ノエルをいやしたってくり。いつでも遊びにきてな〜。

（優将）

★

はやく元気になってララとノエルをさんぽにつれていって、またはしゃいでください‼

（一平）

時々姉がこの日記を持って見舞ってくれた。待ちかねていた私は、前回からの続きに目を通す。

なんて楽しそうなララとノエル。それは姉が慣れない犬の世話にもかかわらず、いつも明るく彼らに接してくれているからだ。忙しい仕事と家事、家族とパールの世話の合間を縫って、なんとよく面倒を見てくれていることか。我が姉ながら、頭の下がる思いだ。

しかもまだ若く、気力・体力ともに充分で、いくら遊んでも遊び足りないようなララとノエルを相手にして。

毎日のように行った公園で、いろんな方と話すうち、ある時姉はドッグシッターに間違われたそうだ。

「二匹も連れて大変ですね」

「ええ、まぁ。預かってるものですから」

という会話が発端らしい。そして、

「一時間おいくらぐらいで預かって頂けるんでしょう?」

と、尋ねられたとか。

それほど、他の飼主さんから見ても、ララとノエルのお散歩は楽しそうに映ったのだろう。この人にならドッグシッターを任せても大丈夫だと思うほどに。


治療の甲斐あってか、私の病状は安定していた。といっても、症状の一つである胸焼けはしょっちゅうしていたが。当初三、四ヵ月の予定だった入院も、丸二ヵ月を迎える頃退院することができた。外来も今日までという年末ギリギリの十二月二十八日、同じ病室の五人全員が退院し、その日も治療のあった私だけが、日の沈むのを待ってスーツケースを下げひとりで帰った。

退院しても週二回は通院しなければならない。ララとノエルが日記とともに帰ってきて、私達の生活は、私の通院を除いては、以前と変わらないように見えた。

けれど何かが、大きく変わっていた。

退院したばかりということで、年末の大掃除も手を抜いて年を越した。

そして、退院してちょうど二週間が経った頃、私は夫から別れを切り出された。

あの頃のことは想い出しただけで苦しくなる。私にとっては、まさに青天の霹靂《へきれき》だったのだ。

十年間一緒に暮らしてきた。入院中のクリスマス・イヴが、私達の結婚十年目の記念日だった。その日夫は私に、ダイヤのネックレスを届けてくれたのだ。胸の内に「離婚」の二文字を秘めたままで。


私達の話し合いは平行線のままだった。夫の決心は固かった。取り乱し、精神的に追いつめられるのを恐れた私は、家庭裁判所に調停を申し立てた。感情的にならずに、第三者に間に入ってもらって決めたかったのだ。

『私はこれから先、どうしたらいいんだろう……?』


離婚調停は月一回のペースで行われた。

夫の気持ちが元には戻らないとわかって、私も少しずつ決心を固めていった。

ララとノエルは、私にはもう、なくてはならない存在だったから、自分の生活を立て直すのが先決とわかっていても、彼らを置いて出て行こうとはつゆとも考えなかった。

むしろ彼らの存在が、私を励まし、勇気づけてくれた。病気のことやお金のこと、不安な要素はいっぱいあったけど、ララとノエルとの新しい生活を考え始めている私がいた。

そんな思いのうちに、五月の末、調停は結審した。

大阪にいるには辛すぎた。実家があり、姉がいても、私には十年間の夫との想い出があちらこちらにちりばめられた場所だった。

誰も私を知らないところに行きたかった。

家を出て、新しく住むところを探さなくてはならないけど、犬を飼えるマンションを探すことが、こんなに大変なことだとは思いもしなかった。とりあえず大阪市内の物件を当たってみたが、ペットOKのマンションがあっても、小型犬だけとか、一匹だけとか、やたら規制が多いし、狭いわりに家賃も高い。周りに公園も少なく、一体どこで散歩ができる？　って感じのところばっかり。

そんな時、義兄が今の物件を紹介してくれた。早速見に行った。

大阪からは随分離れる分、緑が多く遊ぶところには事欠かない。動物病院も近くにある。私達が住むには充分な広さで、しかもペットに関する規制があまりうるさくない。運良く、一階の端の部屋が空いていた。

私は即決した。

世間には、ペット禁止のマンションで内緒でペットを飼っている人がいるが、それぞれ事情はあるにせよ、私にはそれをする気は初めからなかった。

ララとノエルを隠して、周囲の人に見つからないように、真夜中にそっと散歩に行ったり、吠えるたびに口を押さえて怒ったり、そんなことをしたくなかった。

犬であり、同時に家族である彼らと、私は堂々と一緒に歩きたかったし、彼らにとって、一〇〇%まではいかなくても、少しでも犬らしく生かしてやりたかった。

けれど、そういう思いと矛盾する出来事も起こってしまった……。

ノエルはララのお婿さんとして来て、私はふたりの二世を楽しみにしていたのだが、ノエルの睾丸は一歳になってもお腹の中にとどまったまま、下りてこなかった。

動物病院の先生からは、精子がお腹の中で温められて死ぬから、交配させても着床しにくいし、このまま放っておくと高い確率で腫瘍になるから、なるべく早い時期に切除した方がいいよとアドバイスを受けていた。

ララとノエルを結婚させて、子供を産ませたい。そう思っていたが、断念せざるを得ない。子供を産ませなくても自然のままでいさせてやりたい。けれど、ノエルを去勢しても、ララに生理がくれば、どちらにも過剰なストレスがかかるだろう……。

あれこれと思い悩んだ末、ふたり同時に去勢避妊手術を受けさせることにした。私には苦しい選択だった。

ララとノエルは今はどこも悪くないのに、開腹しなければならない。私の都合で、私の勝手で……。自分がひどい罪を犯しているような気がする。飼い主というだけで、彼らの本能を、生殖をコントロールしていいものなのか……。そう思う反面、この処置は将来の病気の予防につながるし、シーズン中のストレスからふたりとも解放されるんだ、傷が癒えるまでは辛いだろうし、理不尽な仕打ちだと思うかもしれないけれど、それを乗り越えると元気で楽しい日々が待っていると自分に言い聞かせる。

罪をつぐなうような気持ちで私は、彼らの手術の前日、ふたりが体を横たえる大きめのベッドを二つ購入した。

六月も半ばの、梅雨の晴れ間の月曜日に、私達は引っ越しをした。ララとノエルの手術も終わり、傷もすっかり癒えていた。この日も朝の散歩を済ませ、そのままララとノエルを姉の家に預けに行った。

朝から引っ越し屋さんが来て、どんどんと私の荷物が運び込まれていく。要らないものは全て置いていく。私が大切だと思う物だけ持っていく。それがどんなに少ないか、改めて思い知る。

荷物を積み終わって、私は姉の家へ。義兄の運転で、姉、ララ、ノエルとともにいざ出発。途中、実家に寄って両親も乗っていく。

父と母は、やはり心配なのだろう。ララとノエルが一緒とはいえ、やはり病気の娘が独りで暮らすところを見ておきたいみたい。

高速を飛ばして、ようやく到着。引っ越し屋さんの到着を待つ。荷物が出たり入ったりするので、姉がララとノエルを連れて、散歩に行ってくれた。本当に助かる。私が退院して以来、久々の、姉、ララ、ノエルの散歩だろう。

引っ越し屋さんが来て、ものすごいスピードで荷物が運び込まれていく。予め考えていた場所にぴったり荷物は収まり、人の住む家らしくなった。あとはボチボチ、気に入るように作っていこう。私と、ララとノエルが居心地がいいように。

夕方までかかってなんとか終了。姉とララとノエルは、歩き疲れてヘトヘトになって帰ってきた。ララもノエルも、立ったまま眠ってしまいそうだ。ほんとにみんなお疲れさま。

近くの中華レストランで夕食。もちろん私のおごり。ララとノエルはくたびれて眠っているだろう。初めての場所でも、私の匂いの付いたものがあちこちに置いてあるからきっと安心して眠っているはず。

夕食のあと、私だけマンションで降り、みんなを見送る。

「慌ただしい一日やったね。ありがとう。助かった。気を付けて帰ってね」

車が角を曲がるまで、母はずっと私を見ていた。


ここは私の病気と、そしてララとノエルにはもってこいの場所だった。

病状が安定しているということで、通院も週一回に減らしてもらえた。これなら通えないこともない。

何も言わないララとノエルだけど、この子達は知っている。「お父さん」と呼んでいた人はもういないって。そして、「お母さん」とだけずっとずっと一緒に生きてゆくと。

知らない土地に移り住んで、少し尻込みしている私を、ララとノエルが外へ連れ出してくれた。

最初はマンションの周りの分かりやすい道がお散歩コース。その次の新しい道を踏み出せずにいる私を、ララとノエルはためらいもなく引っぱっていく。

「お母さん、今日はこっちに行ってみよう。ねっ!?」

って、ノエルが振り向きながら私に笑いかける。

そうして少しずつ、いろんな道がお散歩コースに加えられていった。

マンションから歩いて五分くらいのところを流れる川は、蛍が飛び交うことで有名だ。その川のほとりには、ずーっと桜の老木が並ぶ。花の頃は、本当に素晴らしい。散り際が特に。風に乗った花びらが、下を流れる川に舞い落ちてゆく様を、私は飽かず眺める。ララとノエルは少し不思議そうな様子で。

田んぼ脇の道を行くコースでは、途中、砂利道が軟らかな芝生の道に変わる。ララとノエルの足に優しい道。あんまり楽しそうに歩くから、暖かな春の日は、私も靴を脱いで素足で歩く。ひんやりと軟らかく、そして少しくすぐったい。

『こんなこと、私一人じゃできないなぁ』と思いながら。

そしてまた、最近、新しいコースが加えられた。

時々行く、小さな芝生の広場の、まだ少し先に、森のようになっている場所があるのを以前から気になっていたが、行ったことがなかった。

ある日、少し足を延ばして行ってみたら、左手に小さなグラウンド。そのグラウンドの更に左手に、低い山へ登るなだらかな石段。グラウンドの右手には小道が続く。

まずは右手の小道を歩く。誰もいないから、リードをはずして自由に歩く。ララとノエルも、ワクワク、ウキウキだ。少し歩くと、何やら不思議な匂いが……。ふたりも、何かを感じている様子。念のため、ノエルにだけリードを付ける。そしてゆっくり歩く。道が切れた先に見えたものは……牛。

一〇メートルほど先の柵の向こうに、たくさんの牛がいた。全員そろって、こっちを見ている。三〇頭くらいはいるみたい。

ララとノエルも牛を見つめ、固まったまま動かない。「なんじゃ、ありゃ」ってかんじ。

……こんなところに牧場があったなんて、びっくり。遠い先祖は牛追いだったララとノエルの本能が刺激されて、牛に向かって突進するかなと思ったけど、ただ見つめ、鼻をしきりに動かしている。

牛も犬も、どちらも興奮させないように、そっと声をかけて、リードを引く。

「ララ、ノエル、行こうか。牛さんおったね。また、会いに来ようね」

この頃になって、ララはちょっとビビッた様子。ノエルは興味津々の感じ。名残惜しそうなノエルを促し、来た道を引き返す。

誰もいないグラウンドを横切り、落ち葉が降り積もる石段を上る。上り切ったところは、小さな展望スペース。ここでもリードをはずし、自由に歩かせる。

初めての場所、初めての匂い。心弾む、楽しいひととき。夢中になって、少し離れすぎたことに気付き、ふと顔を上げて私の居場所を確認する。笑いながらうなずいてやると、安心して、また探検に戻っていく。その繰り返し。

こんな穏やかな時間の中で、私は自分のことも再発見する。本当は私、おっとり、呑気な性格だったのだ。時間に追われなくていいということが、こんなに解放的なゆったりした気分になるものだったとは、長い間、忘れていた気がする。

大阪にいた頃は、何をあんなに急いでいたのだろう。いつもいつも時間に追われ、ララとノエルを急きたてて散歩に行き、仕事と家事に追われ、いつも走っていた。

『……そりゃ、疲れるわ』

澄んだ空気、濃い緑の匂い。肺の中が浄化されるみたい。そして、本当に楽しそうな、ララとノエル。

十年も結婚してたのに、それなりに楽しい想い出もあったのに、もう遠い景色のようにかすんで見える。

私なりに心を砕いて築いていた生活が、その線上で軌道修正されないままに終わり、新しい道を歩きだした。病気というおまけまでつけて。

淋しくないと言えば嘘になる。病気の進行が怖くないと言えば嘘になる。けれど私には、ララとノエルがいるから大丈夫。

一人だと決して歩くことがないような道も、ララとノエルが一緒だと、平気で歩いていける。

何かの本で読んだことがある。愛犬を亡くして悲しみに沈む父親が、小さな息子につぶやく。

「どうして犬は、人間よりずっと早く天国に行ってしまうのかなぁ……」と。

すると息子はこう答える。

「僕、どうしてか知ってるよ。みんな、いい子になるお勉強をするために生まれてくるんでしょ？　でも、動物は、もうちゃんといい子になってるから、

ノーリードで走り回る。うれしいネ。楽しいネ。

そんなに長い時間お勉強しなくてもいいんだよ」と。

本当にそう。この子達は、初めからいい子なのだ。そのように、神様がお造りになったのだ。人間より、ずっと清らかで、高みにある彼らの魂。人間に、安らぎと、希望と、生きる勇気を与えるために……。

三人で暮らすようになってから、夜眠る時も同じベッドになった。大阪にいた頃は、夫と私は寝室、ララとノエルはリビングでねていたから。

夕方のお散歩にたっぷりの時間をかけて、思う存分走らせる。帰ってごはんを食べるともうウトウト。私がベッドに入ると、すかさずふたりも飛び乗って、私に寄り添う。

眠りに落ちる直前に、ふたりはすごく深い溜息をつく。それがいかにも満足気で、聞いている私まで倖せな気分になる。

——天使のためいき——見えない羽根をそっと休ませて、素敵な夢を見る。

『ずっとここで、こうして、三人で暮らせますように……』

毎日祈る習慣を、いつのまにか私は身につけた。

＊

著者プロフィール

有馬 留果
（ありま るか）

1964年　大阪府生まれ
大阪市立東高等学校卒業
現在兵庫県在住

＊

絵木 真理子
（えぎ まりこ）

1961年　大阪府生まれ
大阪信愛女学院高等学校卒業
現在大阪府在住

見えない羽根を休ませて
～ララとノエルのあおずかり日記～

2004年6月15日　初版第1刷発行

著　者　有馬 留果、絵木 真理子
発行者　瓜谷 綱延
発行所　株式会社 文芸社
〒160-0022　東京都新宿区新宿1-10-1
電話　03-5369-3060（編集）
03-5369-2299（販売）
印刷所　株式会社 フクイン

ISBN4-8355-7573-3　C0095